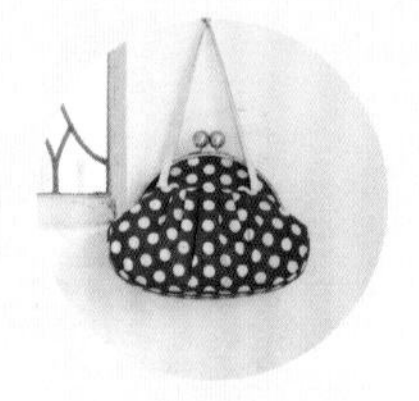

實用滿分 不只是裝可愛！

肩背＆手提okの

大容量口金包

手作提案30選

可別以為這是「小巧可愛の口金包」喔！

本書將為你重點介紹——

以10cm至39cm的口金框製作而成的人氣包款。

從易於製作的小型提包，

到輕便旅行使用的波士頓包……都是口金包耶！

挑個喜歡的款式，立刻動手作吧！

關於書中附錄の原寸紙型

本書共附錄1張原寸紙型。請在參見P.35的「原寸紙型使用方法」之後，以其他紙張描繪後使用。

CONTENTS

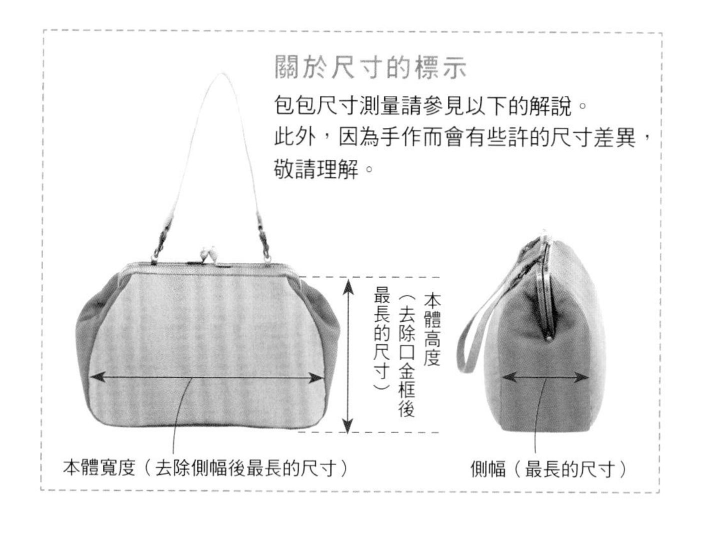

關於尺寸的標示
包包尺寸測量請參見以下的解說。
此外，因為手作而會有些許的尺寸差異，
敬請理解。
本體高度（去除口金框後最長的尺寸）
本體寬度（去除側幅後最長的尺寸）
側幅（最長的尺寸）

基本包型 ×
3種尺寸

首先，以方形口金框製作出基本型的包款吧！
比起以零錢包作為口金包的入門作品，
更推薦初學者從大包款開始嘗試唷！
No.1的作法將以照片圖解呈現教作。

附照片圖解

No. 1　作法 P.28
完成尺寸
寬 15cm× 高 17cm× 側幅 13.5cm

No. 2　作法 P.36
完成尺寸
寬 32cm× 高 21cm× 側幅 13cm

No. 3　作法 P.36
完成尺寸
寬 36cm× 高 23cm× 側幅 15cm

No.1的小手提包以18.5cm附有扣環的口金框製成；No.2與No.3則使用了24.5cm的口金框，並外加上易於使用的外口袋。三款表袋皆以本體＆側幅的布料拼製出色彩組合，就連裡袋也相當地有特色呢！

毛線衣／haco.　合身內搭褲／cepo

口金框・金屬配件
(1・2)／INAZUMA（植村）　(3)／角田商店
布料
(1)／清原　(2)紫色・灰色／コスモテキスタイル
（紫色：AD5182-C#271、灰色：AD10000-C#85）
(3)香菇印花・綠底點點／ダイワボウテックス
製作／金丸かほり

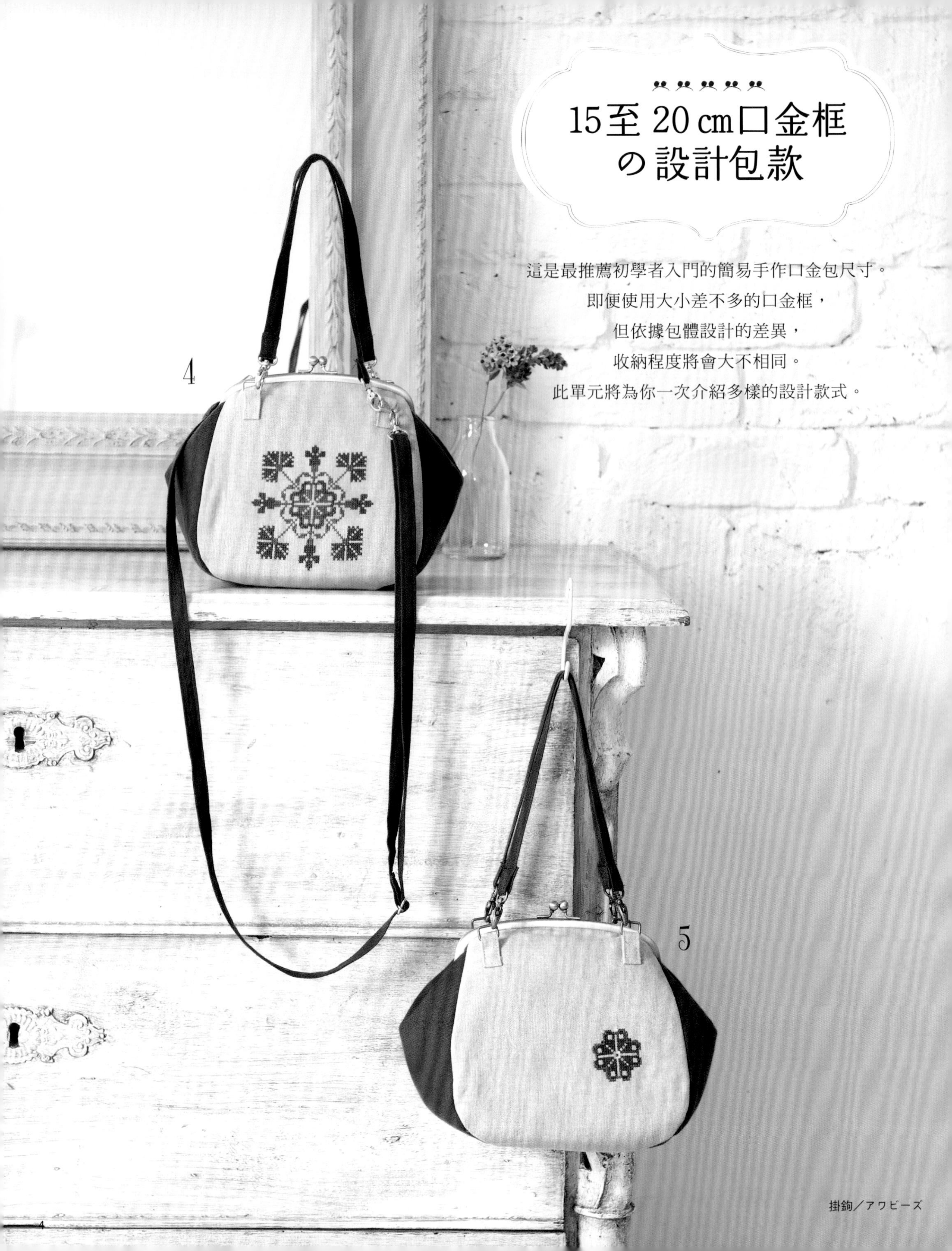

15至20㎝口金框の設計包款

這是最推薦初學者入門的簡易手作口金包尺寸。
即便使用大小差不多的口金框，
但依據包體設計的差異，
收納程度將會大不相同。
此單元將為你一次介紹多樣的設計款式。

4

5

掛鉤／アワビーズ

在側邊加上大片＆突出的側幅，
兼具設計感與收納力的兩大重點，
再以可愛的手繡表現出時髦感。

作法 P.40

完成尺寸　寬18.5cm×高19cm×側幅16cm

口金框／タカギ纖維
設計・製作／西村明子

洋裝／haco.

在底部抓出皺褶，以長形包身呈現優雅的設計。
表袋以樸素＆舒適的布料製作，適合日常使用；
內裡則以華麗的花布作為搭配。

作法 P.44
完成尺寸　寬25cm×高16cm×側幅13cm

口金框・金屬配件／INAZUMA（植村）
設計・製作／西村明子

同No.6，以18.5cm的口金框製作的小手提包。
當「想去那邊一下」的散步時，
也可以掛上背帶作為外出小包，
各方面都非常實用哩！

作法 P.43
完成尺寸　寬22cm×高20cm

口金框・提把／INAZUMA（植村）
製作／清野孝子

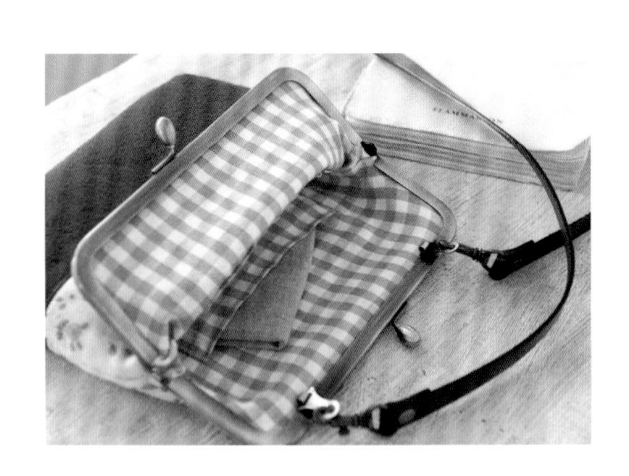

外文書／アワビーズ

作法  P.46

完成尺寸

寬21cm×高18cm×側幅5cm

口金框・金屬配件・提把／INAZUMA（植村）

設計・製作／西村明子

洋裝／haco.

此包款使用與本體直接縫合的手縫式口金框。

外口袋的碎花布是不是很有女孩兒味呢？

雖然內側的寬幅不大，

但結合皺褶＆暗褶的設計，收納效果UP！

15至20cm口金框の設計包款

15至20cm口金框
の設計包款
以細密的皺褶作出袋形＆搭配上冒號般的口金珠，
大圓珠與圓鼓鼓的本體非常地相襯，
打開口金的模樣也相當可愛呢！
9
10

洋裝／cepo

作法 P.48

完成尺寸
寬25cm×高24m×側幅（底布）8cm

口金框・金屬配件／角田商店
設計・製作／西村明子

21至24cm口金框の設計包款

以方便使用的尺寸大小為前提
&縫上內裡口袋的設計，
正適合作為外出包使用。
由於尺寸稍大，
建議初學者以方形口金框進行製作。

闔起口金框時，側幅寬廣比本體更大且突出，形成如檸檬般的造型提包。
No.11以暗色系布料＆蕾絲重疊製成。
No.12則以絎縫繡為設計重點。

針織衫／cepo　罩衫、裙子／haco.

作法 P.50

完成尺寸
寬25cm×高21cm×側幅18.5cm

口金框・金屬配件・塑膠珠／INAZUMA（植村）
製作／加藤容子

21至24cm口金框の設計包款

作法 P.52
完成尺寸　寬34cm×高19cm×側幅13cm

口金框・金屬配件・塑膠珠／INAZUMA（植村）
布料／コスモテキスタイル
（黑色：AD70000-C#300、印花：GF5939-C#13C）
製作／金丸かほり

13

易於攜帶的黑色橫長形提包，以優雅的形態為重點設計。
整體以俐落&簡潔的剪裁使質感更加提升，
裡布則選用高雅的印花布作為裝點。

不以過多的布料進行拼縫
&使用比較容易製作的方形口金框製作也是重點竅門。
立刻嘗試布料搭配組合的樂趣吧！

14

作法 P.54
完成尺寸　寬22cm×高17cm×側幅15cm

口金框・提把／INAZUMA（植村）
布料（素色）／コスモテキスタイル
（素色：AD10000-C#249）
製作／小林かおり

襯衫・合身褲／cepo

21至24cm口金框の設計包款

袋口處的皺褶設計帶有小女孩的氣息，
予人柔和親切的印象；
小小檸檬狀的本體則表現出時尚＆優雅。

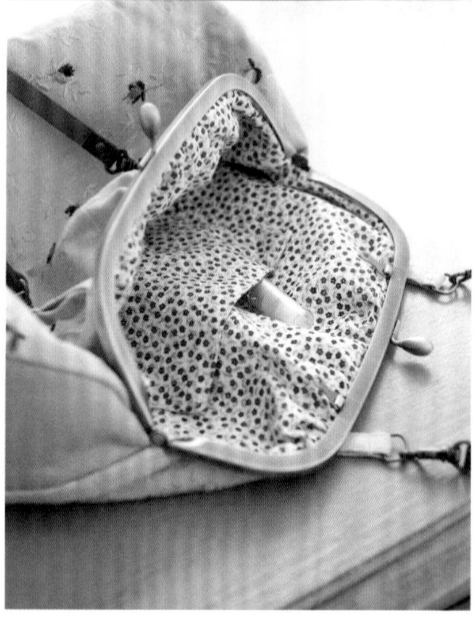

15

作法 P.56
完成尺寸
寬 37cm× 高 21cm× 側幅 9cm

口金框・提把／INAZUMA（植村）
製作／小澤のぶ子

作法 P.58
完成尺寸
寬 19cm× 高 17cm× 側幅 15.5cm

口金框／角田商店
製作／加藤容子

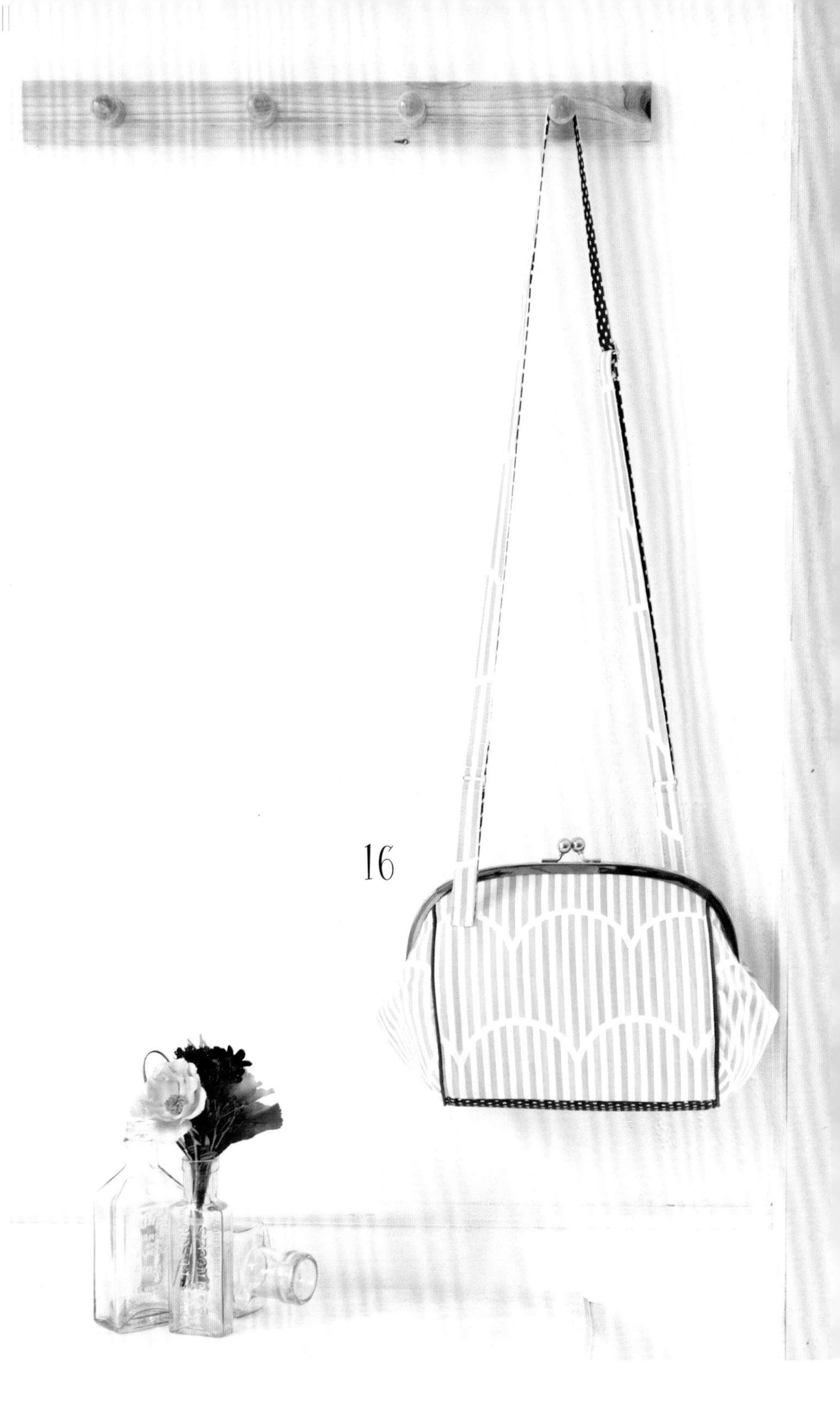

16

雖然小巧，但是袋口非常地大，是相當容易使用的肩背包。
有時會不經意地看見的包底，選用與內裡相同的點點布也是特色重點之一唷！

27至28cm口金框の設計包款

使用此種尺寸的口金框
可以作出實用性很高的包款。
此單元將介紹稍帶潮流感且耐用
&結合休閒風格的設計款式。

17

18

放入雜誌也OK的休閒包。
No.17以棉麻格紋布呈現極簡風。
No.18堅固耐用，也很推薦男性使用。

針織衫・牛仔褲／haco.

No. 17　作法 ⁑ P.62
No. 18　作法 ⁑ P.60
完成尺寸　寬32cm×高33cm×側幅12cm

口金框・金屬配件／角田商店
布料(18)・針織帶／清原
製作／小澤のぶ子

俐落＆堅固耐用的橫長形肩背包
除了內裡口袋，也在表袋上加縫了一個證件夾層，
以實用性作為一大特色。

作法 P.66
完成尺寸　寬36cm×高16cm×側幅9cm

口金框／角田商店
製作／清野孝子

外文書／アワビーズ

罩衫・合身褲／haco.

27至28cm口金框
の設計包款

洋裝／haco.

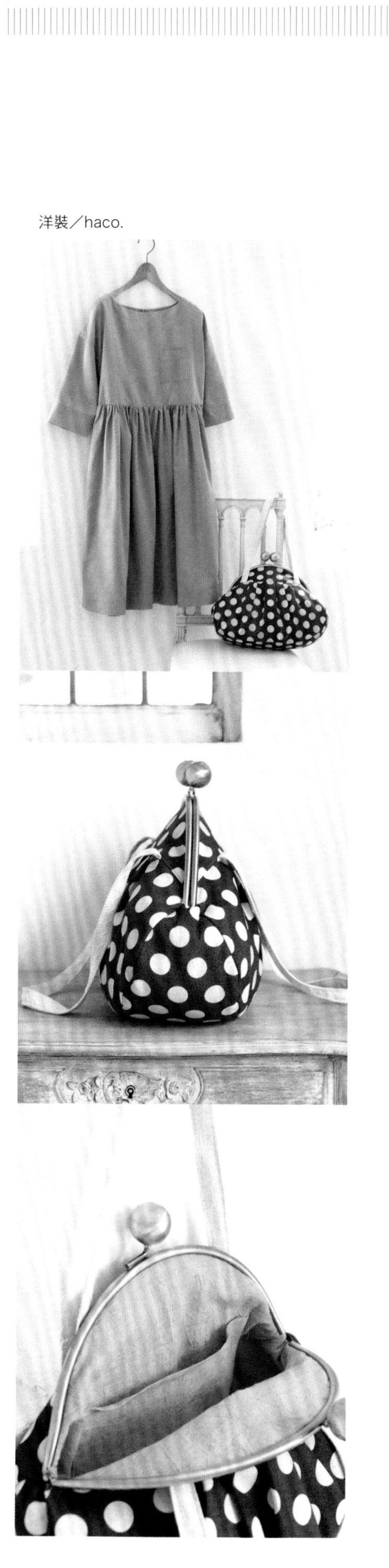

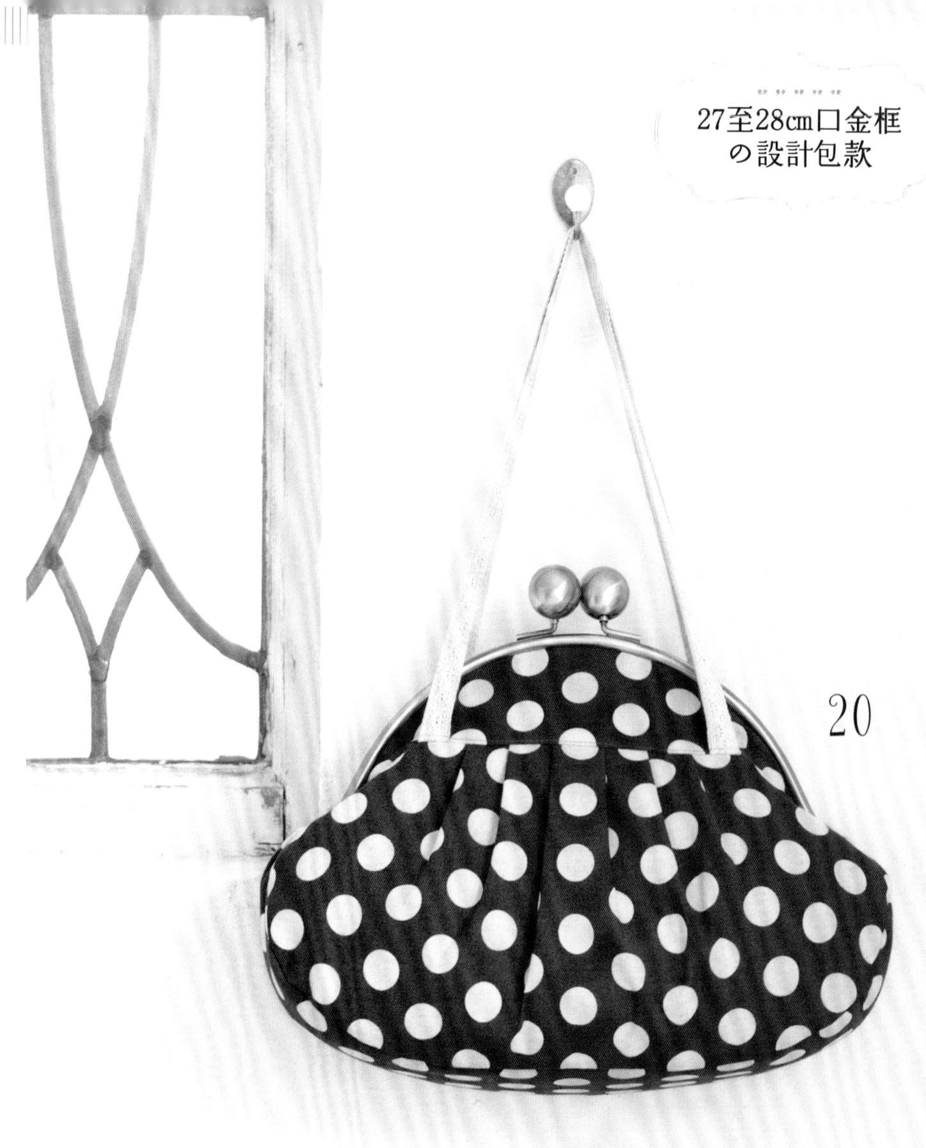

20

以對稱的打褶設計，呈現出懷舊風口金包的特色；
大大的口金珠也相當有魅力呢！

作法 P.68
完成尺寸　寬36cm×高26.5cm×側幅13cm

口金框／角田商店
布料（素色）／清原
製作／加藤容子

39cm口金框の設計包款

一起來挑戰特大尺寸的口金框，
作出日常生活中不可或缺的手提包吧！
立刻動手製作手提包款中最常見的的波士頓包！

21

22

掛鉤／アワビーズ

日常必備手提包！
No.21以素色帆布為表布，
內裡選用印花布，
並以雙色口金珠作為特色點綴。
No.22則以單色調印花布為本體表布，
再搭配上玳瑁色口金珠，非常地高雅。

作法 P.70
完成尺寸
寬42cm×高27cm×側幅10cm

口金・塑膠珠・提把／INAZUMA（植村）
布料（21）／清原（22）／コットンこばやし
製作（21）／小澤のぶ子　（22）／金丸かほり

襯衫・合身褲／cepo

以布塊拼組＆縫製，
作一個最適合輕便旅行的波士頓包吧！
不僅有外口袋，內裡口袋的容量也相當大，
包內的收納整理相當方便。
成套的數位相機包參見P.26・No.28。

23

39cm口金框
の設計包款

作法 P.63
完成尺寸
寬38cm×高29cm×側幅23cm

口金框・提把・配件／INAZUMA（植村）
布料／ダイワボウテックス
製作／小澤のぶ子

上衣・牛仔褲／haco.

12cm＆12.5cm 口金框の隨身包

超人氣的隨身包也以口金框來製作吧！
由於只需要單手就能夠開闔，
相當適合喜歡戶外休閒的人。

使用方形口金框，
以橫條紋×格子搭配出氣質清新的設計；
適合收納手機、手帕、零錢等日常必需小物 。

作法 P.72

完成尺寸
寬 12cm× 高 13.5cm× 側幅 4cm

口金框／角田商店
製作／杉浦洋子

吊掛在織帶上，圓圓的、非常可愛的隨身包。

可以選用素色或印花樣式等自己喜歡的布料製作，

就像帶著裝飾品一樣的感覺呢！

作法 P.74

完成尺寸
寬 17cm× 高 18cm

口金框／タカギ纖維
布料（26素色・27）／コスモテキスタイル
（26素色：AD70000-C#257、27水玉：CR8831-19M-C#12027
素色：AD10000-C#246）
製作／杉浦洋子

上衣・牛仔褲／haco.

數位相機包＆智慧手機袋

數位相機包＆智慧手機袋皆以口金框製作，
可愛地攜帶著吧！

28

鑑於旅行者必備數位相機，
搭配上P.22中與波士頓包成套的相機包，
應該會拍攝出回憶氣氛更加濃烈的相片吧！

作法 P.78
完成尺寸
寬 13cm× 高 9.5cm× 側幅 3cm

口金・提把／INAZUMA（植村）
布料／ダイワボウテックス
製作／小澤のぶ子

以花瓣狀的皮花提升時尚感的數位相機包
附有金屬配件的口金框＋市售的提把，
展現出簡單＆具有個性的特色設計。

作法 P.79
完成尺寸
寬 13cm× 高 9.5cm× 側幅 3cm

口金・提把・皮花／INAZUMA（植村）
製作／清野孝子

29

以長長的細繩斜背的智慧手機袋，
理所當然是用來放置手機，
不過小巧的尺寸也很推薦作為小肩包使用喔！

作法 P.76
完成尺寸
寬 11cm× 高 13.5cm× 側幅 3cm

口金框／角田商店
布料／コスモテキスタイル
（點點：AQ88311-C#13Q、素色：AD10000-C#2）
製作／小林かおり

30

詳細圖解　P.2・No.1の作法

材料

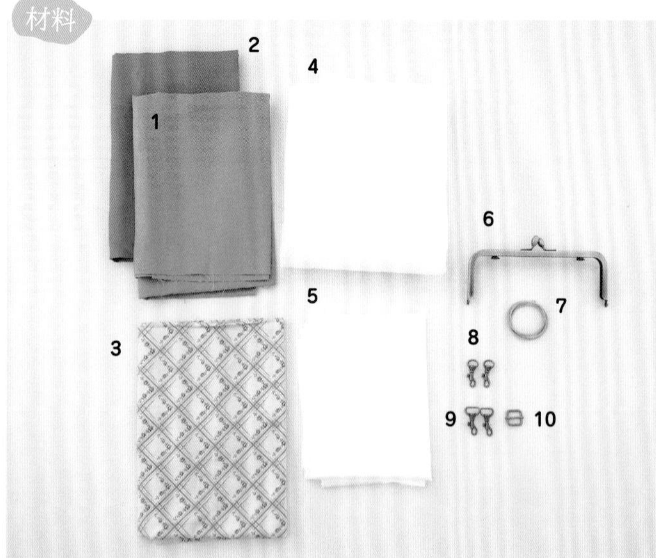

1 表布 A（亞麻布）35cm×50cm
2 表布 B（亞麻布）140cm×50cm
3 裡布（60支棉布）70cm×70cm
4 棉襯（KSP-120M）35cm×50cm
5 布襯（FV-7）35cm×140cm
6 口金框（寬約18.5cm×高8.5cm
INAZUMA／BK-1874-AG）1個
7 紙繩（口金框附件）
8 提把用問號鉤
（10cm・INAZUMA／AK-19-10AG）2個
9 肩背帶用問號鉤
（15cm・INAZUMA／AK-19-15AG）2個
10 日型環
（15cm・INAZUMA／AK24-15AG）1個

工具

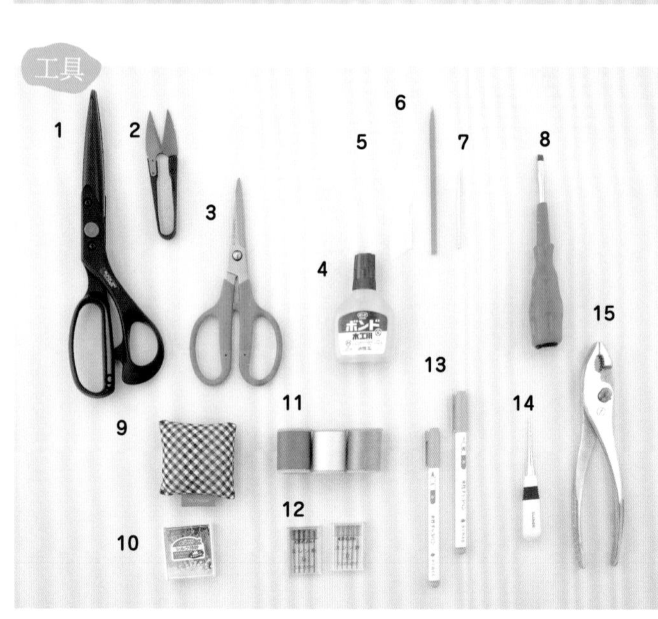

1 裁縫用剪刀★
2 線剪★
3 萬能剪刀★
4 木工用白膠
5 白膠塗抹工具
6 竹籤
7 牙籤（**5**至**7**為方便在口金框上膠時使用）
8 平口螺絲起子（將袋口布＆紙繩塞入口框時使用）
9 針插★　**10** 珠針★
11 車縫線●　**12** 車縫針
13 水消筆（粗・細）★　**14** 木錐
15 老虎鉗
其他也請事先準備縫紉機・熨斗・熨馬・燙衣板等。
★＝Clover　●＝FUJIX

其他更加便利の工具

將袋口塞入口金框時

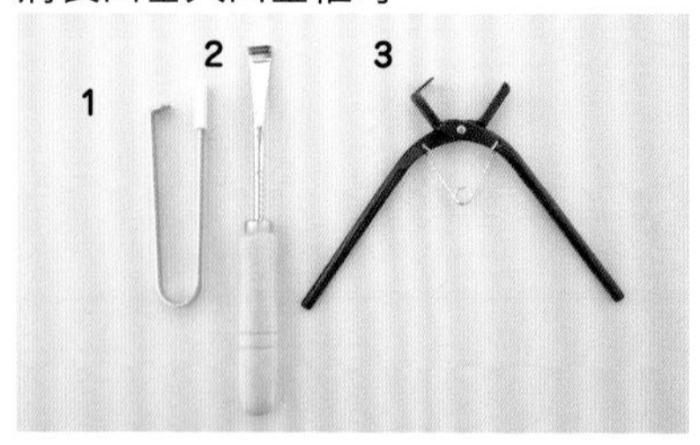

1 口金專用填塞器◆
2 U7／夾具戳刀■
3 U3／口金扳手式填塞器■
（**1**・**2**可以以平口螺絲起子代替，建議初學者使用。
3是進階者使用工具，適用於製作許多作品的職人。）

將口金框固定壓緊時

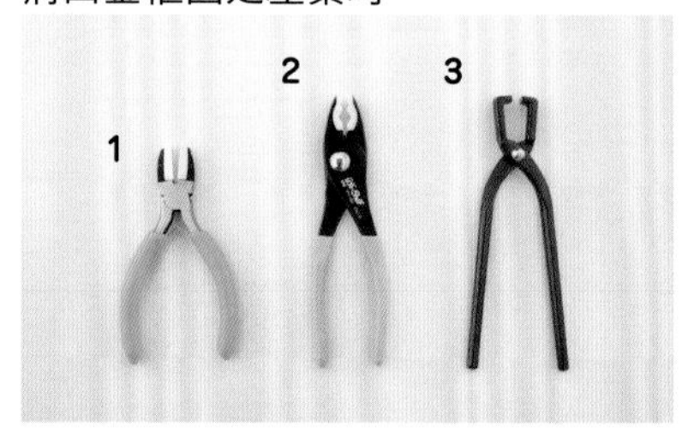

1 口金專用扳手◆　**2** 軟墊鉗子■
3 U1／口金封口鉗■
（**1**・**2**夾具部分為樹脂製，不會傷到口金框。
3只在將需要固定的地方確實夾緊時使用。）
◆＝タカギ纖維　■＝角田商店

口金框の名稱

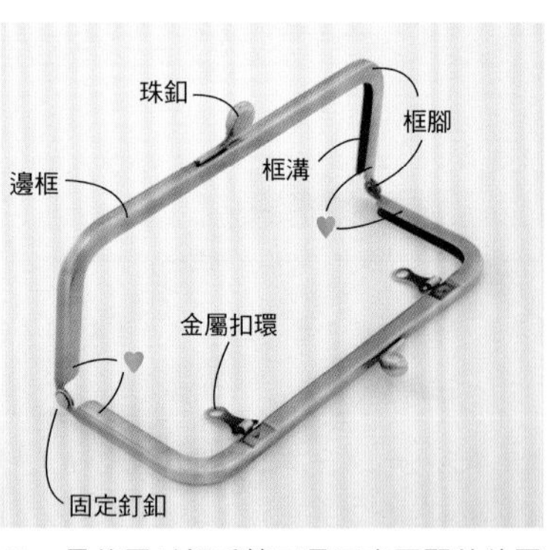

♥＝最後需以扳手等工具固定壓緊的位置

布料の裁剪方式

使用原寸紙型A面（原寸紙型使用方法參見P.35）。
參照裁布圖各自外加縫份＆裁剪表布A・B、裡布，棉襯＆布襯也加上縫份後裁剪。

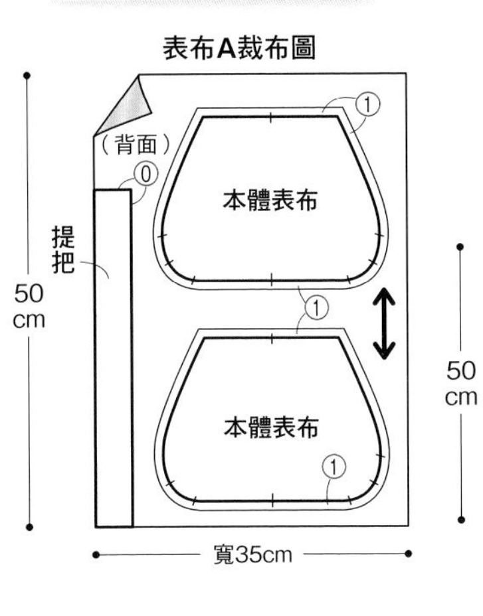

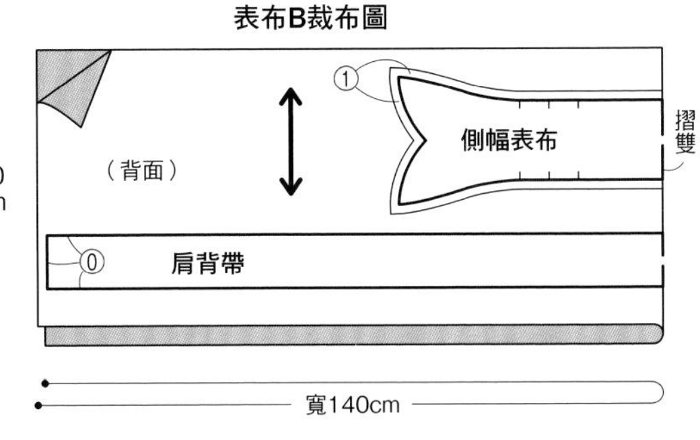

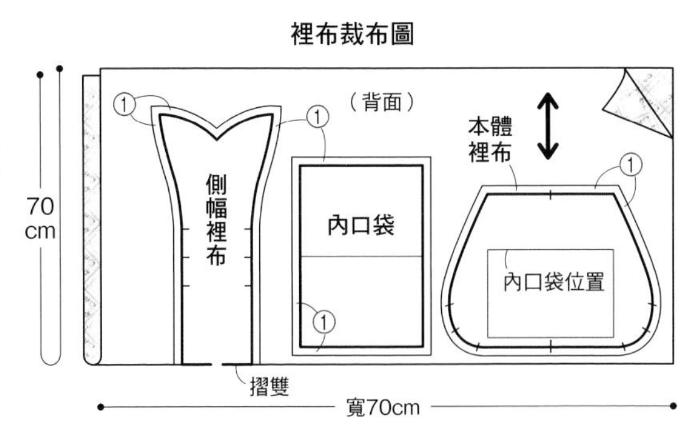

燙貼棉襯＆布襯。

為了確實維持包體的形狀，需在布的背面燙貼棉襯＆布襯。

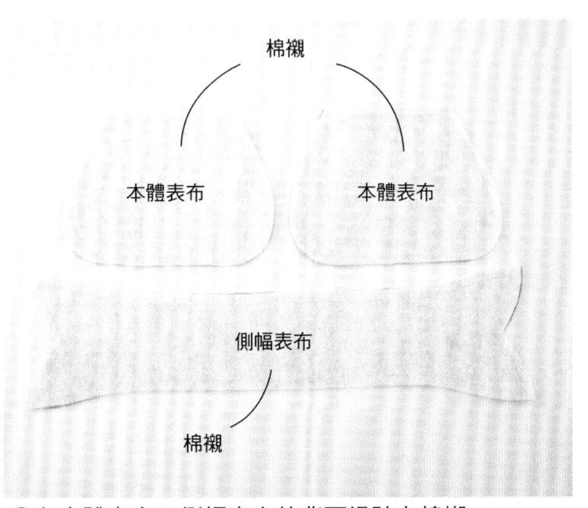

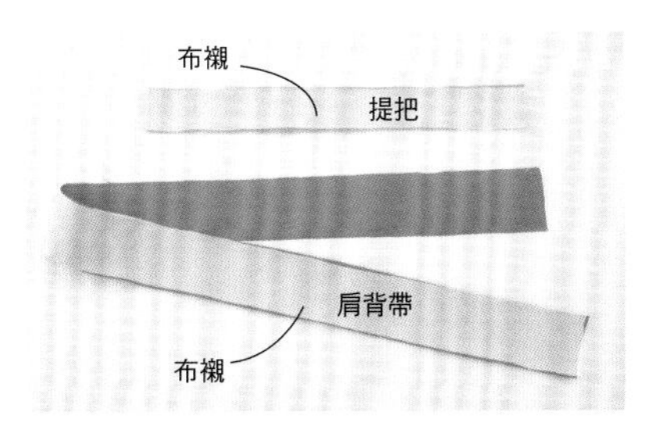

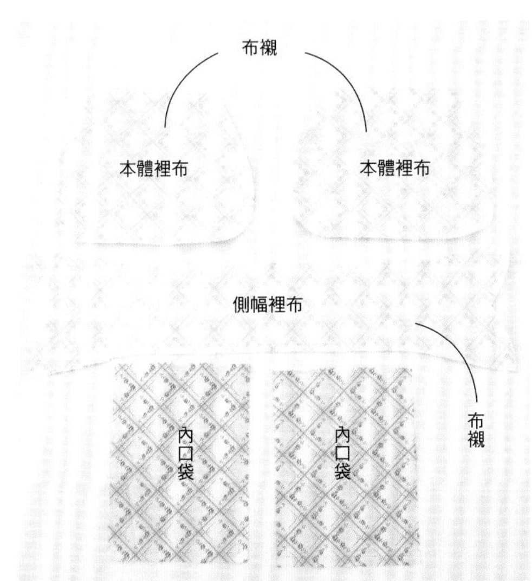

●在本體表布＆側幅表布的背面燙貼上棉襯。
●在提把・肩背帶・本體裡布・側幅裡布的背面燙貼上布襯。
（燙貼方法參見P.34）

作法

1 縫製內口袋＆接縫於本體裡布上。

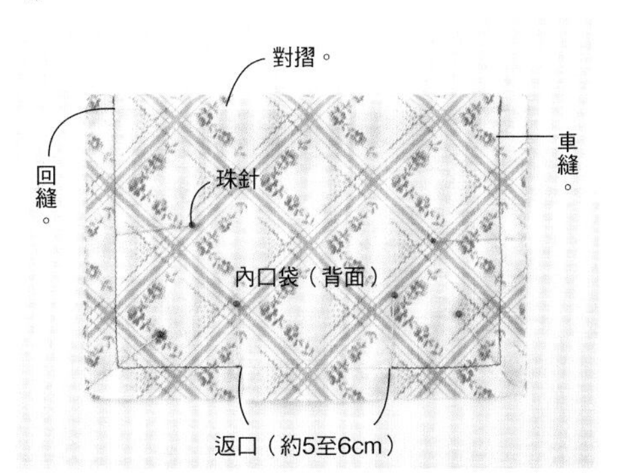

1 將內口袋對摺後車縫固定＆預留返口。

2 內摺縫份後，以熨斗熨燙。

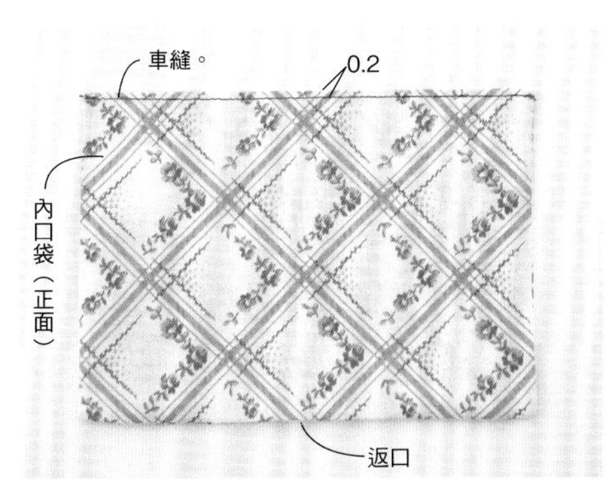

3 將內口袋對摺後車縫固定＆預留返口。
共製作相同的2個。

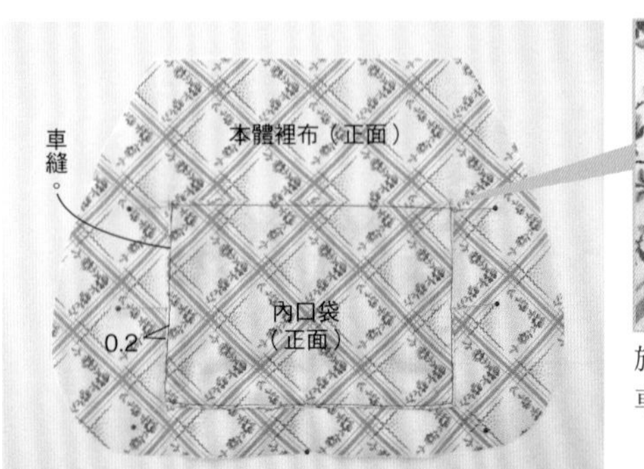

4 將本體裡布與內口袋縫合在一起。

於口袋位置記號處，從正面再以車縫回縫2至3次。

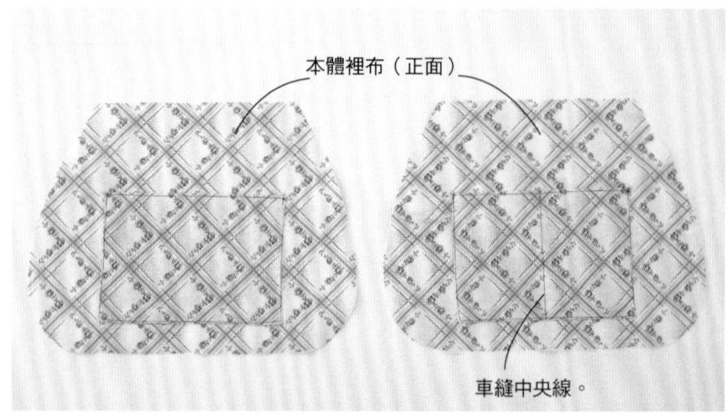

5 只在一個內口袋上車縫中央分隔線。

2 將本體＆側幅縫合在一起，製作完整袋身。

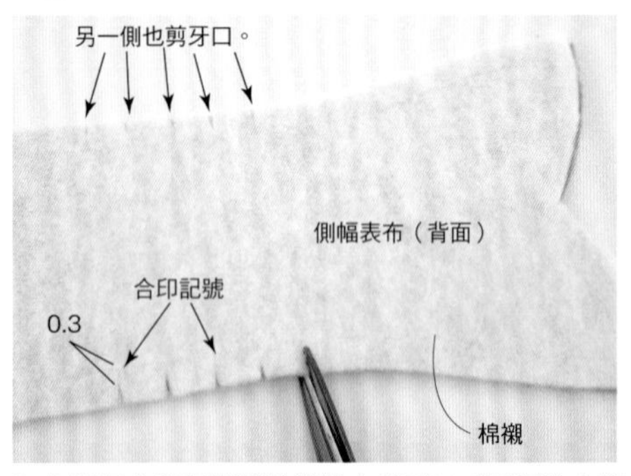

1 在側幅合印記號間的縫份上剪牙口（因燙貼上棉襯後阻力增大，會難以縫合）。

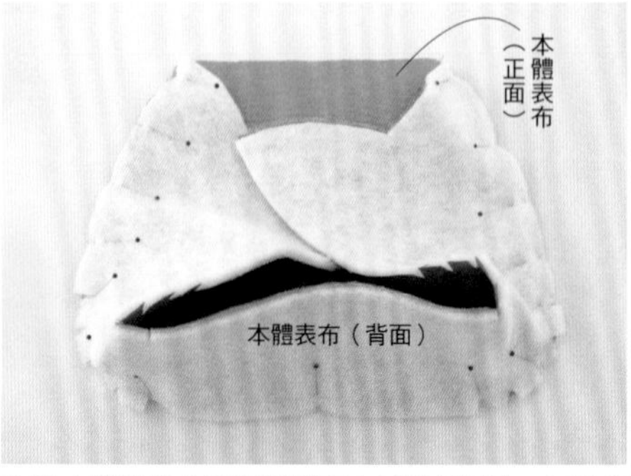

2 將止縫點與合印記號對齊＆以珠針固定，再在記號與記號之間以數枚珠針固定。

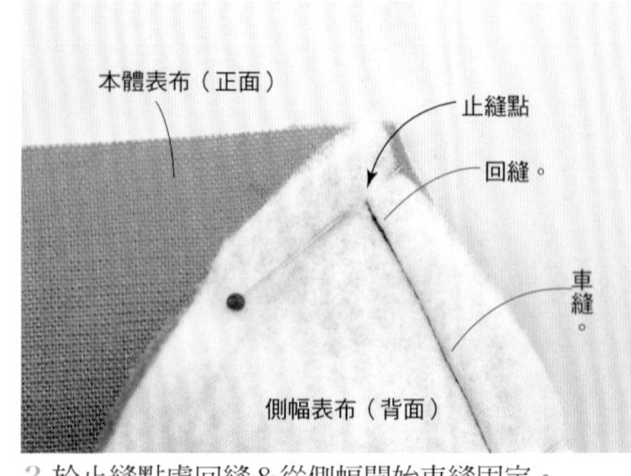

3 於止縫點處回縫＆從側幅開始車縫固定。

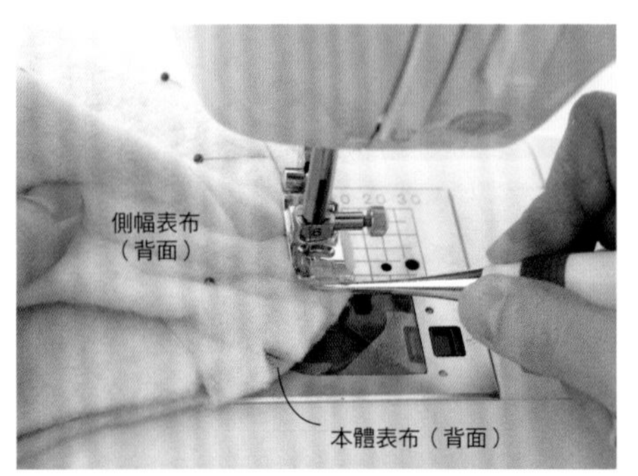

4 車縫弧角時，以木錐從縫份處一邊推送一邊縫合固定。

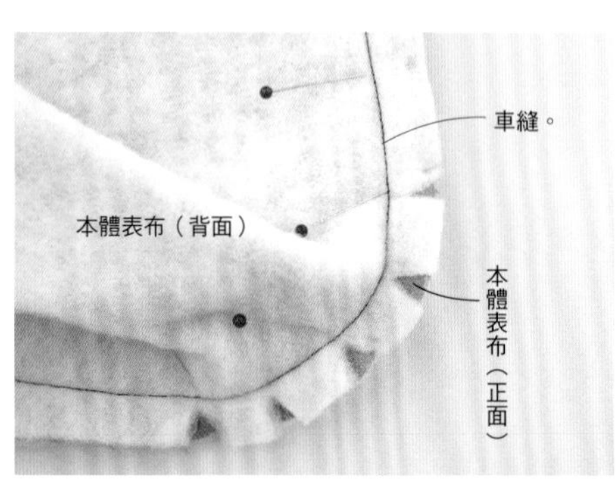

5 將弧角部分縫合完成。

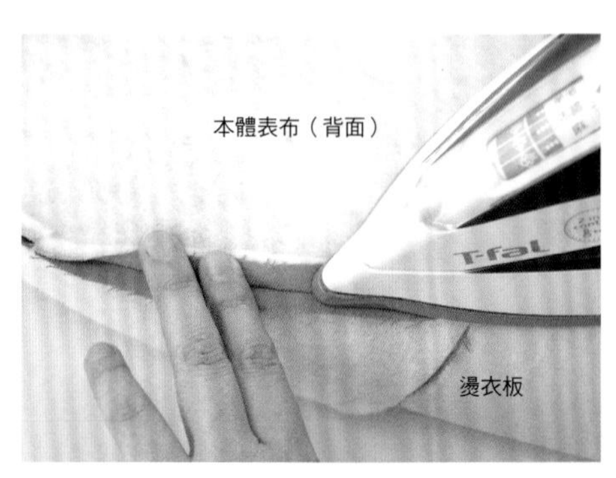

6 將縫份以熨斗燙開（建議使用燙衣板或將浴巾捲起使用更為方便）。

7 另一側的本體表布也以相同方式縫製＆組合，完成表袋。再將本體裡布＆側幅裡布也以相同方式縫合，製成裡袋。

3 縫合袋口。

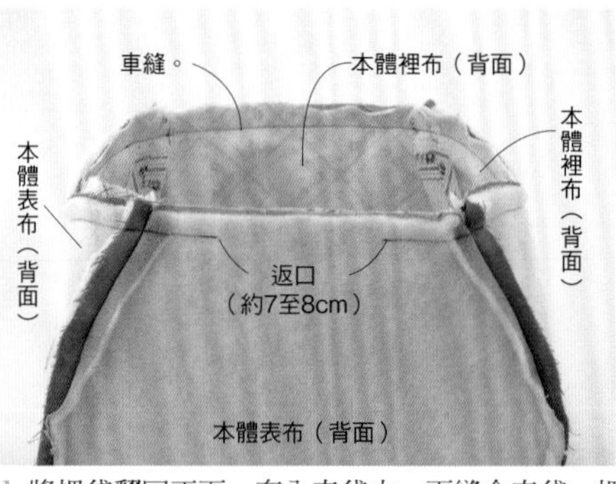

1 將裡袋翻回正面，套入表袋中。再縫合表袋、裡袋的袋口處＆預留返口後以車縫固定。

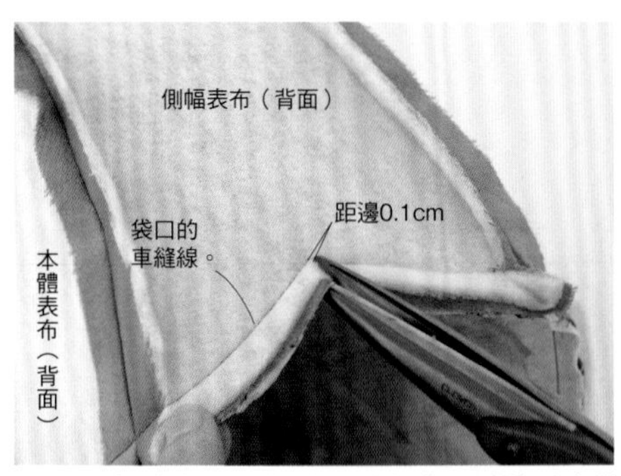

2 將側幅邊角的縫份剪開（留意不要剪到車縫線）。

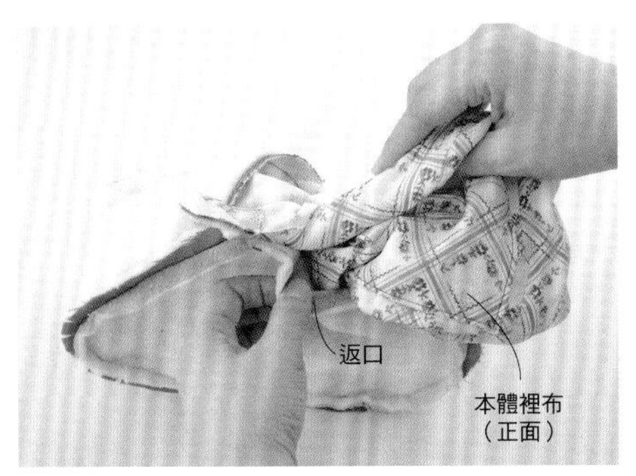

3 將手伸入返口，翻回正面。

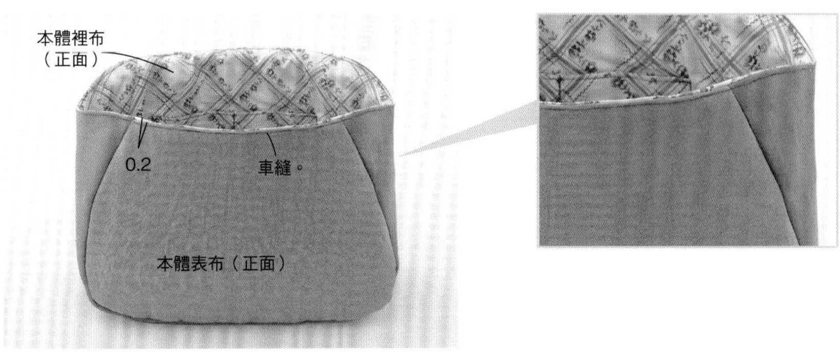

4 將返口的縫份內摺後塞入，再以熨斗燙整＆車縫固定。

4 裝接口金框。

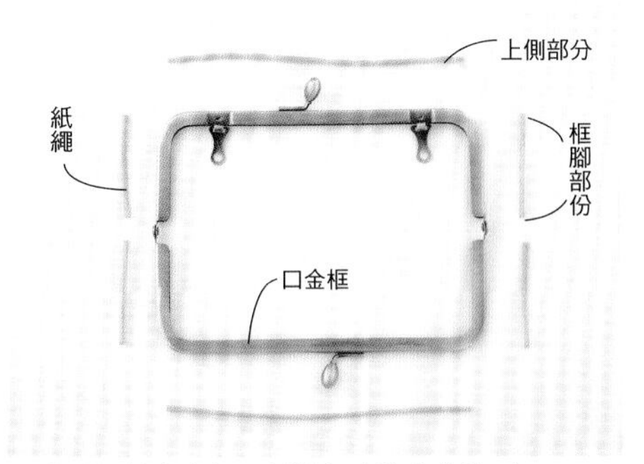

1 將紙繩對齊上側＆框腳部分後分段剪下。

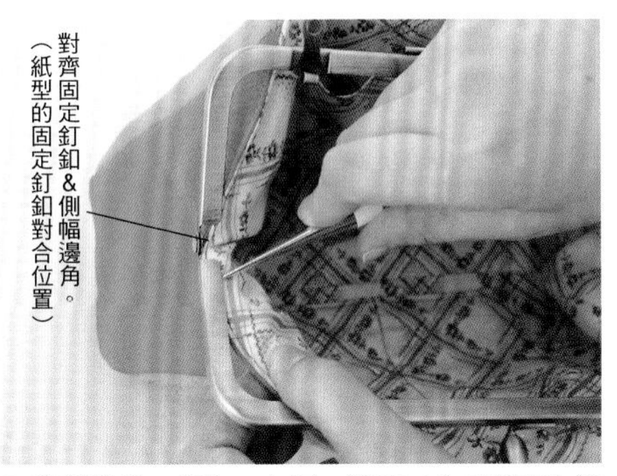

2 嘗試將袋口塞入口金框，測試口金框溝塞入袋口布＆紙繩的鬆緊是否適合。

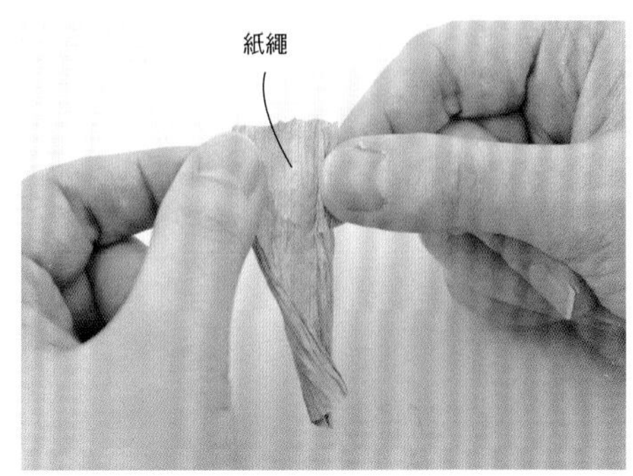

3 將紙繩展開後重新搓轉。（使紙繩更加柔軟，以便更容易放入。）

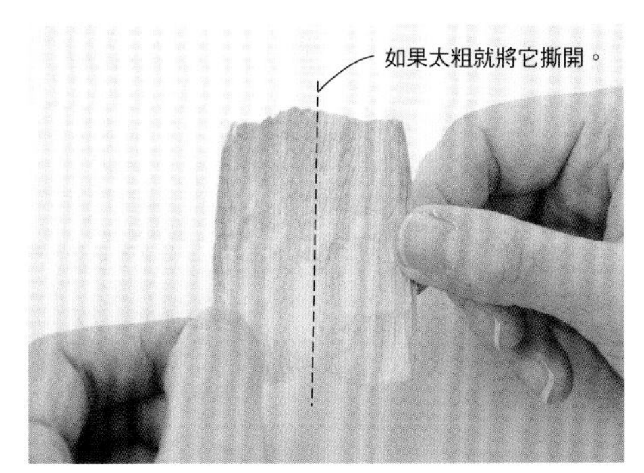

4 當紙繩太粗而無法塞入時，就重新搓轉＆調整紙繩。如果還是太粗，就將紙繩撕開；如果太細，則將兩條紙繩重疊在一起，重新搓轉成一條。

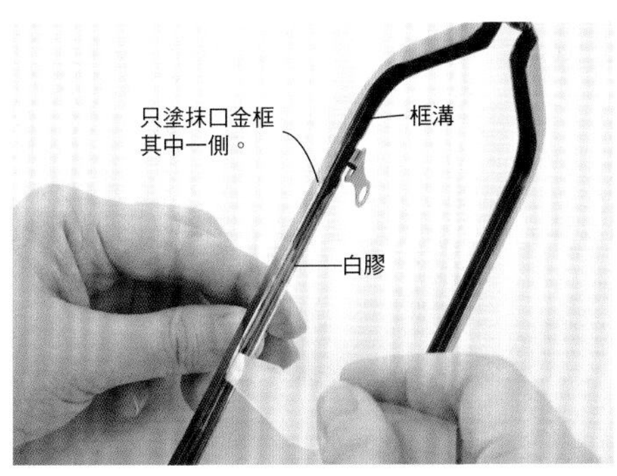

5 在口金框的框溝中塗上一層薄薄的白膠（若不慎超出口金框，請將它擦拭乾淨）。

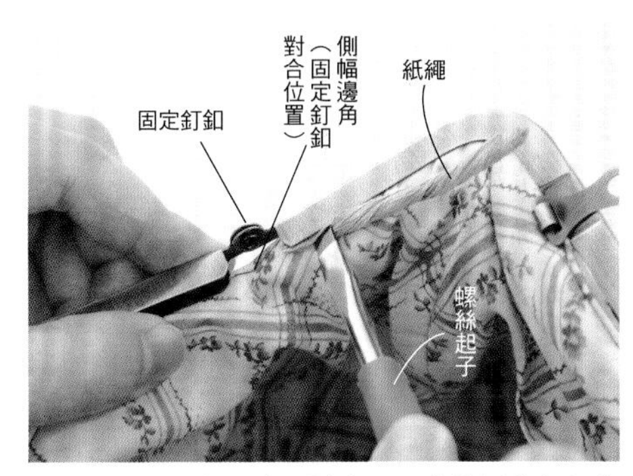

6 從口金框的框腳處開始塞入。先將固定釘鈕的中央與側幅邊角對齊，以平口扳手塞入袋口布，再將紙繩從框腳中段處塞入後固定。

7 另一側框腳也以相同方式塞入袋口布後，再將紙繩塞入固定。

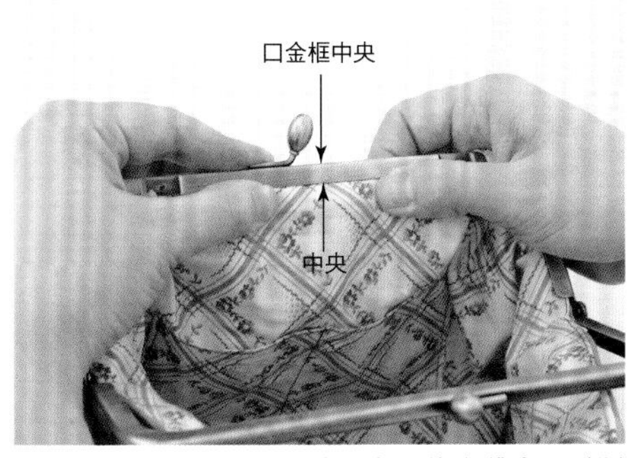

8 對齊口金的中央＆本體中央，將全體塞入（還未塞入口金框的部分建議以先曬衣夾固定，會比較方便作業）。

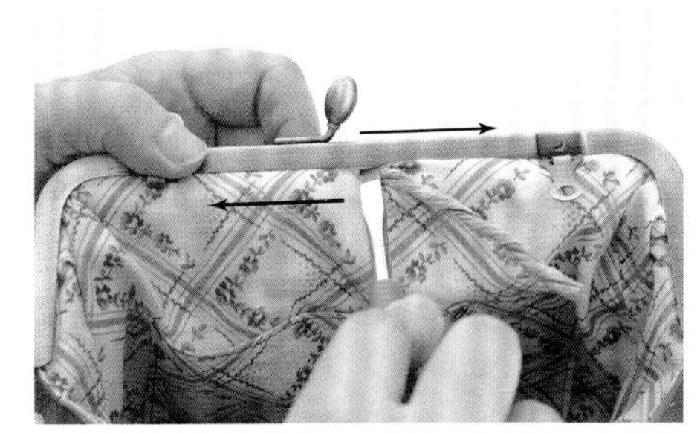
9 上側部分的紙繩從中央開始，往框腳方向逐漸塞入，並將框腳部分剩餘的紙繩全部塞入固定。

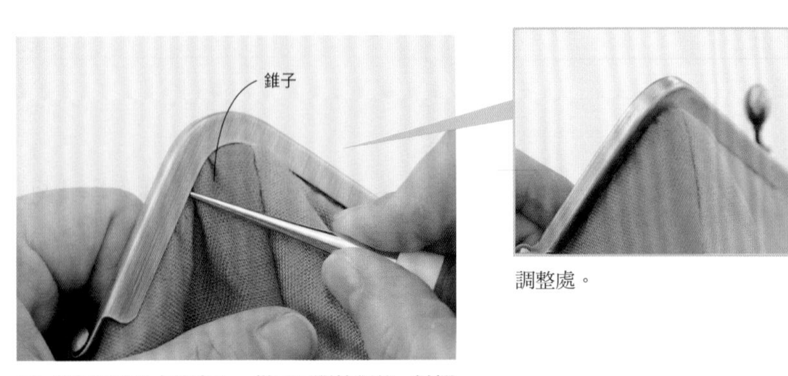

調整處。

10 邊角部分以木錐塞入。從正面開始調整，皺褶處皆以木錐輔助調整。

11 從外側＆內側的兩邊確認整體感。如果有很大的歪斜，就必須移除口金，重新塞入。

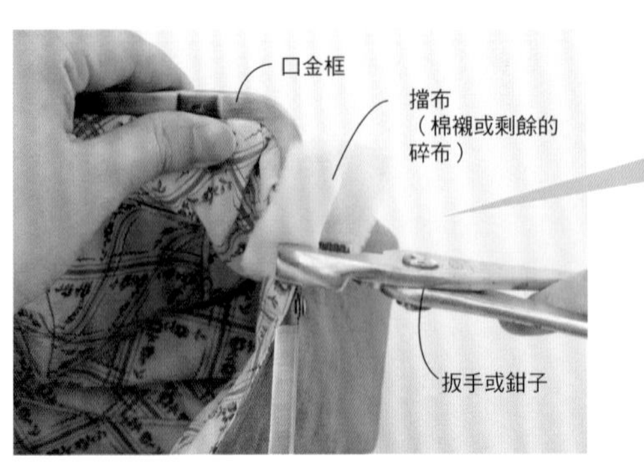

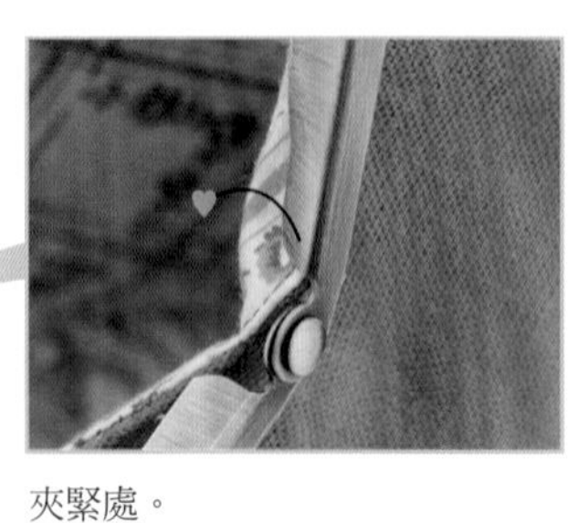

夾緊處。

12 將固定釘釦上側的框溝（P.28♥處）以扳手或鉗子夾緊並墊上擋布，以防刮傷口金框。

13 另一側的口金框也以相同方式裝接，並在白膠完全乾燥之前保持打開口金框。

5 縫製提把＆肩背帶。

（提把＆肩背帶的詳細縫製方法參見P.40）

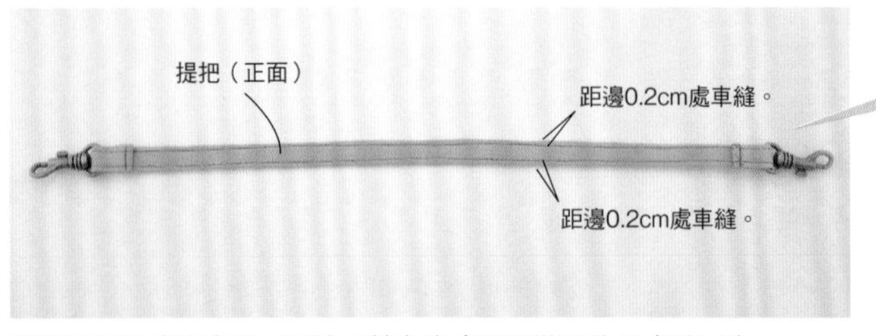

將提把四摺邊後車縫，再使兩端各自穿過問號鉤後以車縫固定。

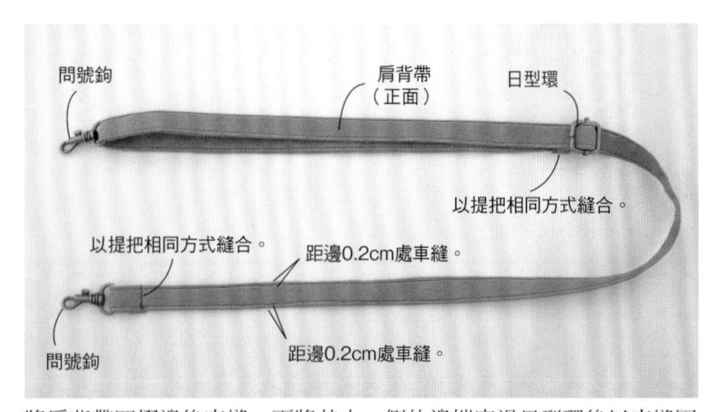

將肩背帶四摺邊後車縫，再將其中一側的邊端穿過日型環後以車縫固定。另外一側的邊端先穿過問號鉤，再穿過日型環；其餘部分作法同提把，穿過問號鉤以車縫固定。

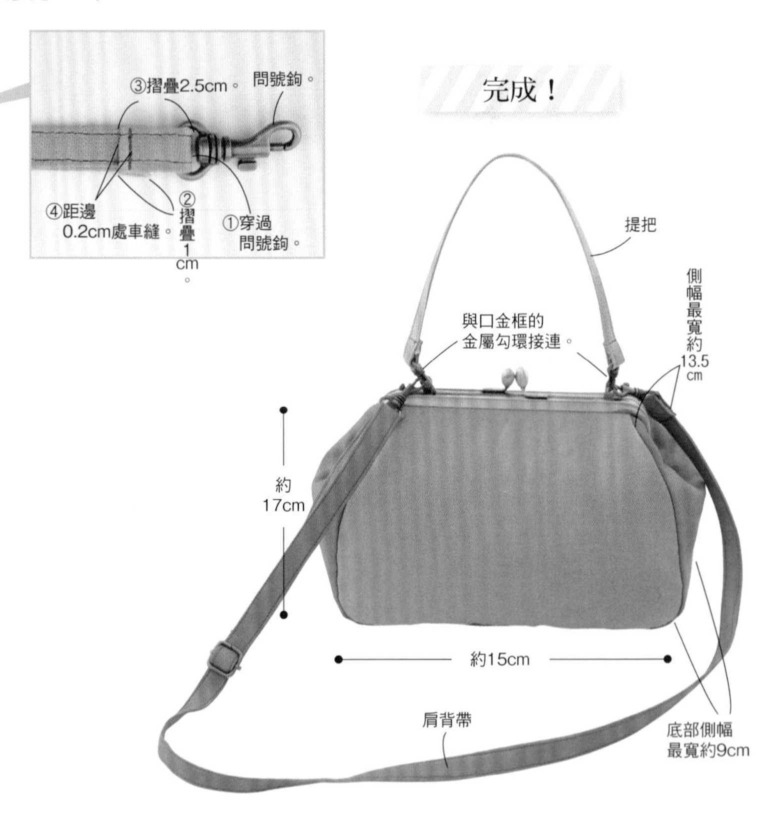

開始動手作口金包之前

關於口金框

本書使用的口金框為方形・櫛形・圓形。除了P.7・NO.8，其餘口金框皆為塞入式的框溝。初學口金包的製作方法時，建議先從小尺寸的方形口金開始練習。
裝接口金框的第一個重點在於「平衡」，請一邊留意整體平衡，一邊仔細地塞入袋口布。
在口金框中塗抹白膠時，請留意不要讓布料沾到白膠。建議可以在手邊備妥濕紙巾，讓手＆工具等皆維持乾淨的狀態。

口金框の種類＆尺寸標示

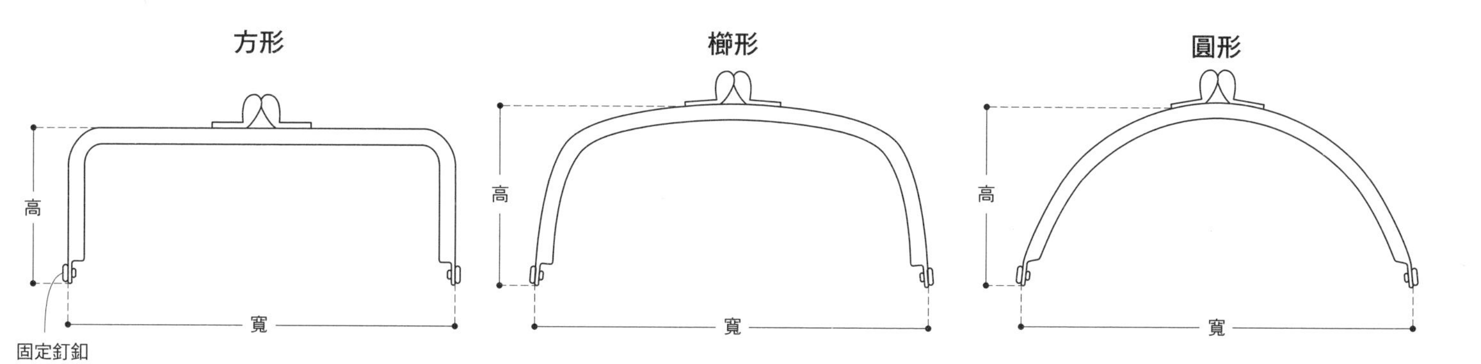

關於紙繩

口金框＆紙繩通常為一個組合，不會在材料標示中特別標註；但若與口金框分別購買時，請特別留意尺寸。紙繩的粗細視作品布料＆布襯而不同，請參見P.31技巧，調整紙繩粗細。

裝接口金框の注意事項

●縫合袋口時，請在翻回正面前先稍微整理縫份。若在口金框中段設計裁剪線，如P.64的步驟5時，請先裁剪縫份後翻回正面，再將袋口處以熨斗燙整後車縫固定。若袋口處太厚無法塞入口金框時，只需將棉襯＆布襯的縫份裁剪至車縫線即可解決。
●口金框的框溝在塗抹上白膠前，需先確認口金框與紙繩的粗細是否合適。
●逐一在口金框的一側薄薄地塗抹上一層白膠。如果塗抹過多從口金框溢出，將造成弄髒布料的風險。
●紙繩需深深塞入，直至從口金框邊看不見的程度為止。
●將固定釘釦上側的框溝（P.28♥處）以扳手或鉗子夾緊時，務必墊上擋布，以防刮傷口金框。

材料解説

P.2・No.1口金框（日型環・問號鉤等亦同）

（寬約18cm 高約8.5cm・INAZUMA／BK-1847 AG）

口金尺寸　廠牌或製造商　產品編號　色碼

口金框色碼の簡稱

（日型環・問號鉤等亦同）

N＝鎳（Nickel）　G＝黃金（Gold）　S＝銀（Silver）　B＝青銅（Bronze）
BN＝黑鎳（Black Nickel）　AS＝古銀（Antique Silver）
AG＝古銅（Antique Gold）　AC＝古紅銅（Antique Copper）
AT＝真鍮（黃銅）
ATS＝真鍮抛光（黃銅抛光）
DB＝青銅抛光

配合口金框の製圖法

由於口金框尺寸繁多，請參見下圖畫法來完成
不同尺寸口金框的紙型製圖吧！

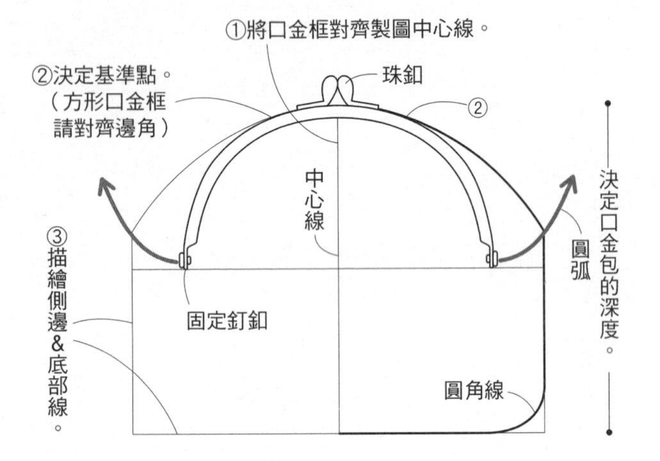

❶決定中心線後，與口金框的珠釦對齊。
❷決定基準點，以圓規從固定釘釦處往上畫圓，
弧線位置可視個人喜好決定。
（圓規角度越大，口金包寬就越寬）
❸決定包包的深度後，畫出設計線條（側幅或圓角）。

口金框的尺寸很微妙，即使以相同的尺寸製作，
還是會有些許的不同。
使用與本書刊載作品不同的口金框時，
請與原寸紙型稍微比對尺寸大小。
如果固定釘釦處的尺寸只有些許誤差，就沒有問題，
可以不用太過在意。

布襯&棉襯の燙貼方法

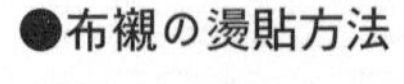

●布襯の燙貼方法

將布襯上膠面（附有樹脂膠的一面，以手觸摸有粗糙感&在光線下會反光）與布料的背面相對&燙貼在一起。

務必在布襯上覆蓋助燙布後，以蒸氣熨斗按壓熨燙（熨斗溫度約140°C）。

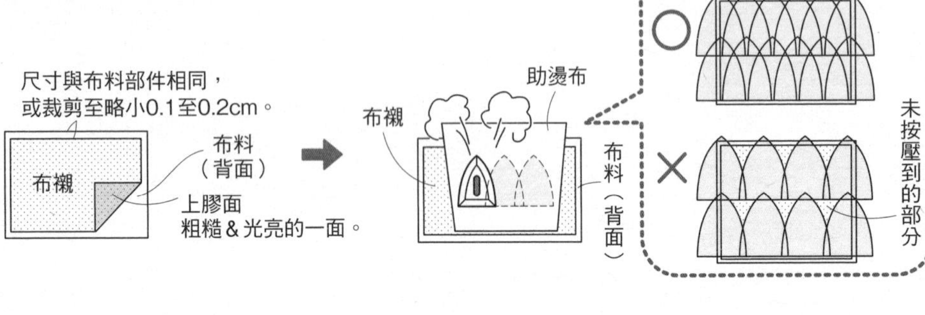

●棉襯の燙貼方法

基本與布襯相同，將上膠面
（附有樹脂膠的一面，
以手觸摸有粗糙感&在光線下會反光）朝上，
上方以布料的背面覆蓋後燙貼。
使用熨斗時，請別過度按壓，
避免破壞棉襯。

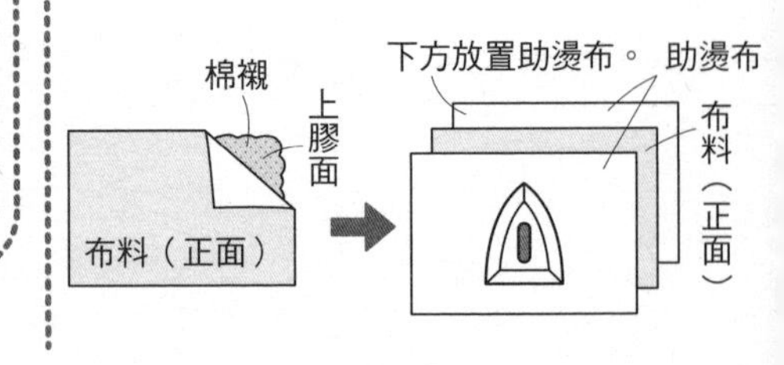

使用厚布料時の袋口縫法

當使用絨布或羊毛布等厚布料，或是袋口處皺褶很多，導致袋口處太厚，難以塞入口金框時，參見右圖作法縫製袋口。

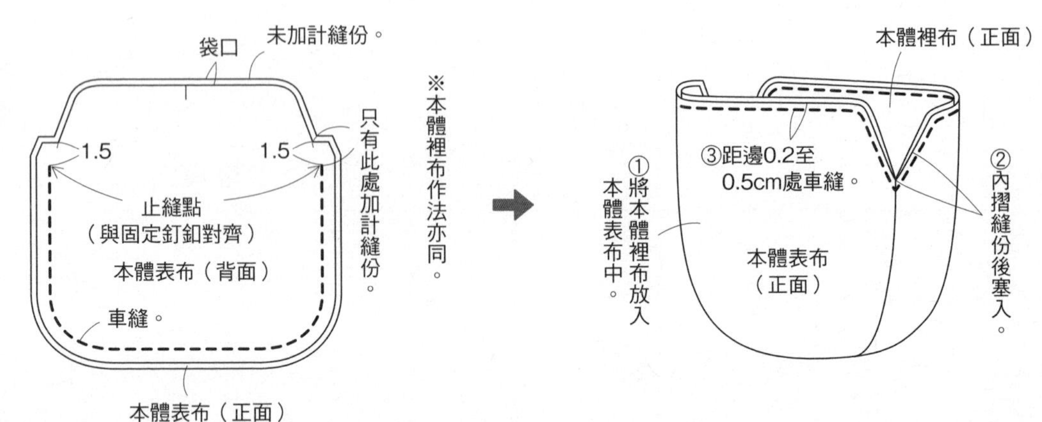

原寸紙型の使用方法

書中的作品皆附有原寸紙型，請自行將紙型上的圖示描繪下來後使用。原寸紙型未加計縫份，
需依○中的數字外加縫份後，再裁剪布料（參見P.29）。布耳、提把、肩背帶皆不需外加縫份，直接裁剪即可。
描繪紙型時，布紋線、止縫點、合印、固定釘釦對齊位置、口袋位置等，務必標示清楚。

紙型の描繪方法

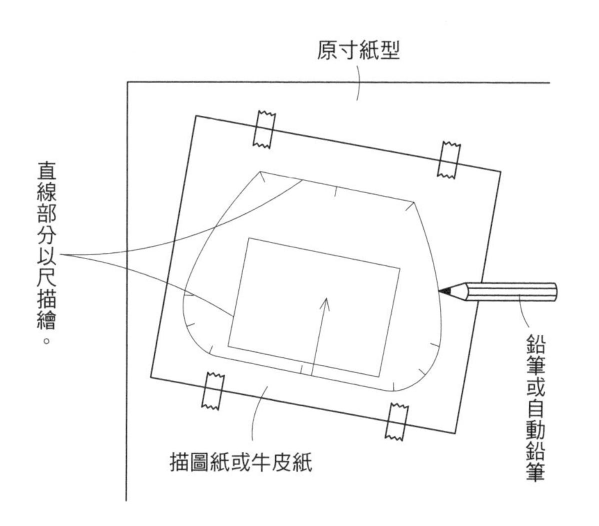

從下方開始疊起的順序為厚紙、雙面複寫紙、描圖紙或牛皮紙；以3H左右的硬船筆或已經無法書寫的原子筆畫線，在厚紙上描繪出紙型。

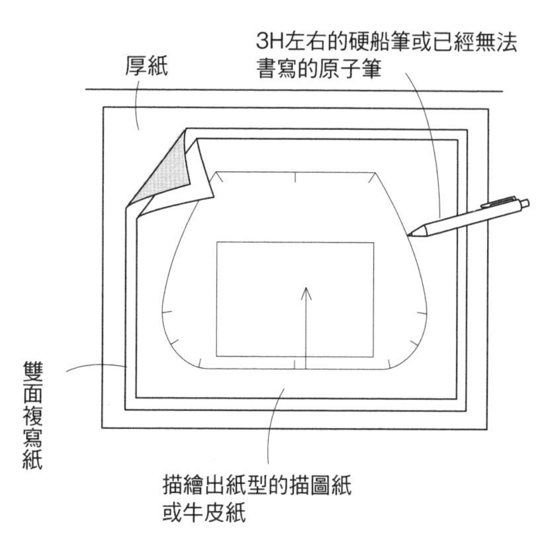

布料的裁剪方法＆記號的畫法

幾乎所有的作品皆需在本體＆側幅燙貼棉襯＆布襯。
先將需要燙貼的部件依型紙描繪於布上＆外加縫份後剪下，待燙貼上布襯後再在布襯上作縫紉記號。

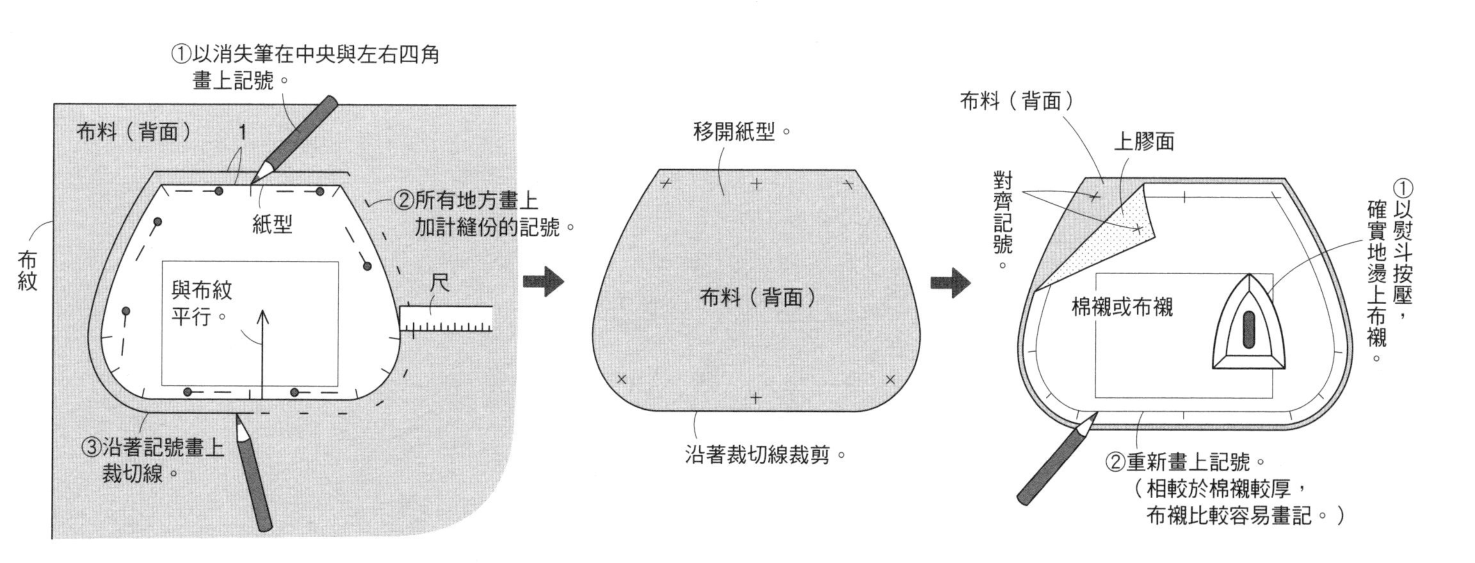

作品の作法

作法中的數字單位
皆為公分（cm）。

P.2 2

2 材料
表布A（亞麻帆布）100cm 寬 55cm
表布B（先染格子棉麻布）80cm 寬 20cm
裡布（被單布）110cm 寬 65cm
棉襯（KSP-120M）80cm 寬 45cm
布襯（FV-7）122cm 寬 65cm
口金框（寬約24.5cm 高約9cm・INAZUMA／BK-2474-S）1個
問號鉤（20mm・INAZUMA／AK-19-20-S）2個
長方環（20mm・INAZUMA／AK-5-20-S）4個
日型環（20mm・INAZUMA／AK-24-20-S）1個
扁繩（寬20mm・INAZUMA／BT-202-17）1m40cm

原寸紙型 **A** 面
紙型 **2**

●紙型部件
本體・側幅・外口袋・內口袋A
內口袋B・提把・布耳

P.2 3

3 材料
表布A（棉麻帆布）90cm 寬 50cm
表布B（棉麻帆布）90cm 寬 40cm
裡布（被單布）110cm 寬 70cm
棉襯（KSP-120M）90cm 寬 50cm
布襯（FV-7）122cm 寬 65cm
口金框（寬約27cm 高約9cm・角田／27cm 無勾環口金框-N）1個
紙繩　90cm
長方環（20mm・N）4個

原寸紙型 **A** 面
紙型 **3**

●紙型部件
本體・側幅・外口袋・內口袋A
內口袋B・提把・布耳

開始製作之前（No.2・3皆同）

・在本體表布＆側幅表布的背面燙貼棉襯。
・在本體裡布・側幅裡布・外口袋表布・提把・布耳的背面燙貼布襯。

作法

1 縫製提把＆布耳。

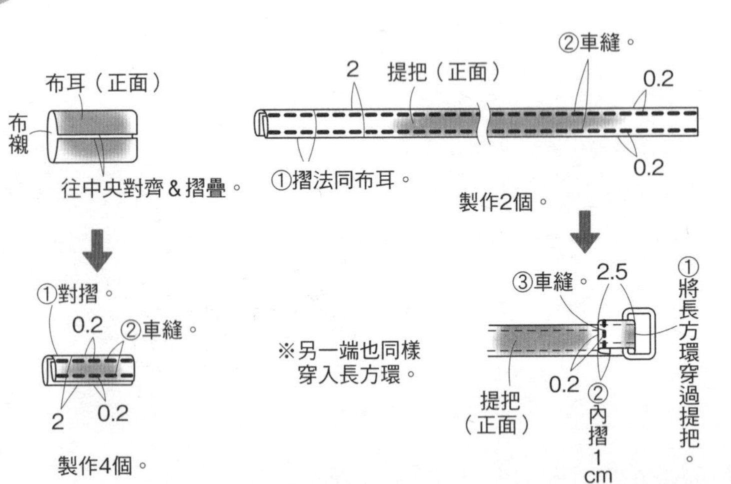

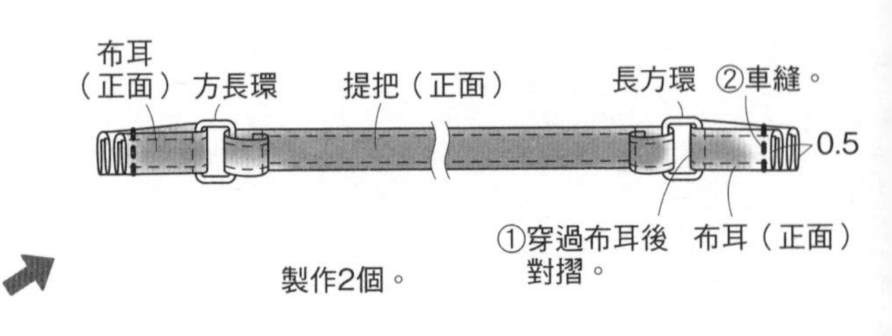

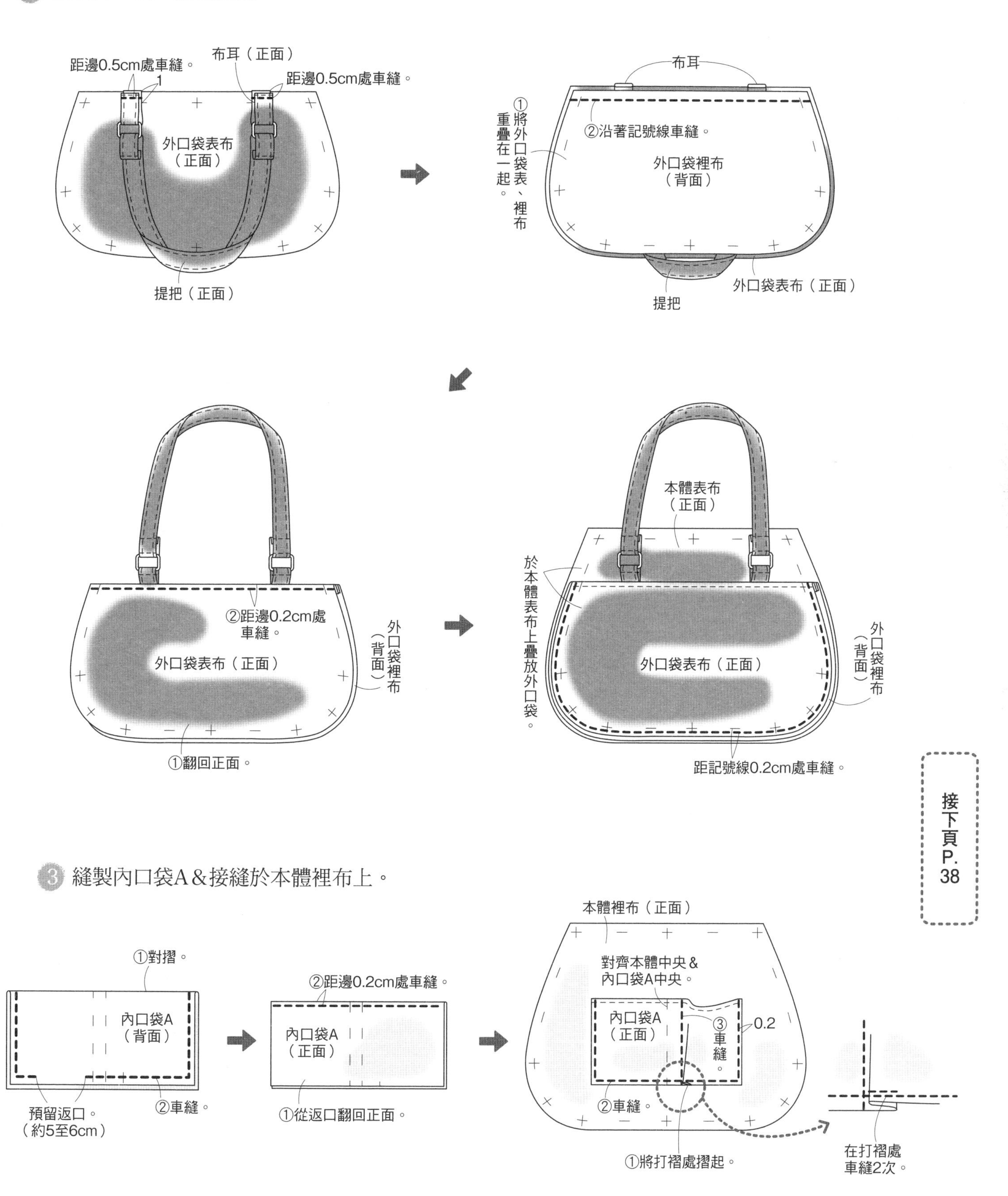

2 縫製外口袋＆接縫提把。
距邊0.5cm處車縫。
1
布耳（正面）
距邊0.5cm處車縫。
外口袋表布
（正面）
提把（正面）
布耳
①將外口袋表、裡布重疊在一起。
②沿著記號線車縫。
外口袋裡布
（背面）
提把
外口袋表布（正面）
②距邊0.2cm處
車縫。
外口袋表布（正面）
外口袋裡布（背面）
①翻回正面。
本體表布
（正面）
於本體表布上疊放外口袋。
外口袋表布（正面）
外口袋裡布（背面）
距記號線0.2cm處車縫。
接下頁P.38
3 縫製內口袋A＆接縫於本體裡布上。
①對摺。
內口袋A
（背面）
預留返口。
（約5至6cm）
②車縫。
②距邊0.2cm處車縫。
內口袋A
（正面）
①從返口翻回正面。
本體裡布（正面）
對齊本體中央＆
內口袋A中央。
內口袋A
（正面）
③車縫。
0.2
②車縫。
①將打褶處摺起。
在打褶處
車縫2次。

4 縫製內口袋B＆接縫於本體裡布上。

5 縫合本體＆側幅，製作袋身。
（參見P.30）

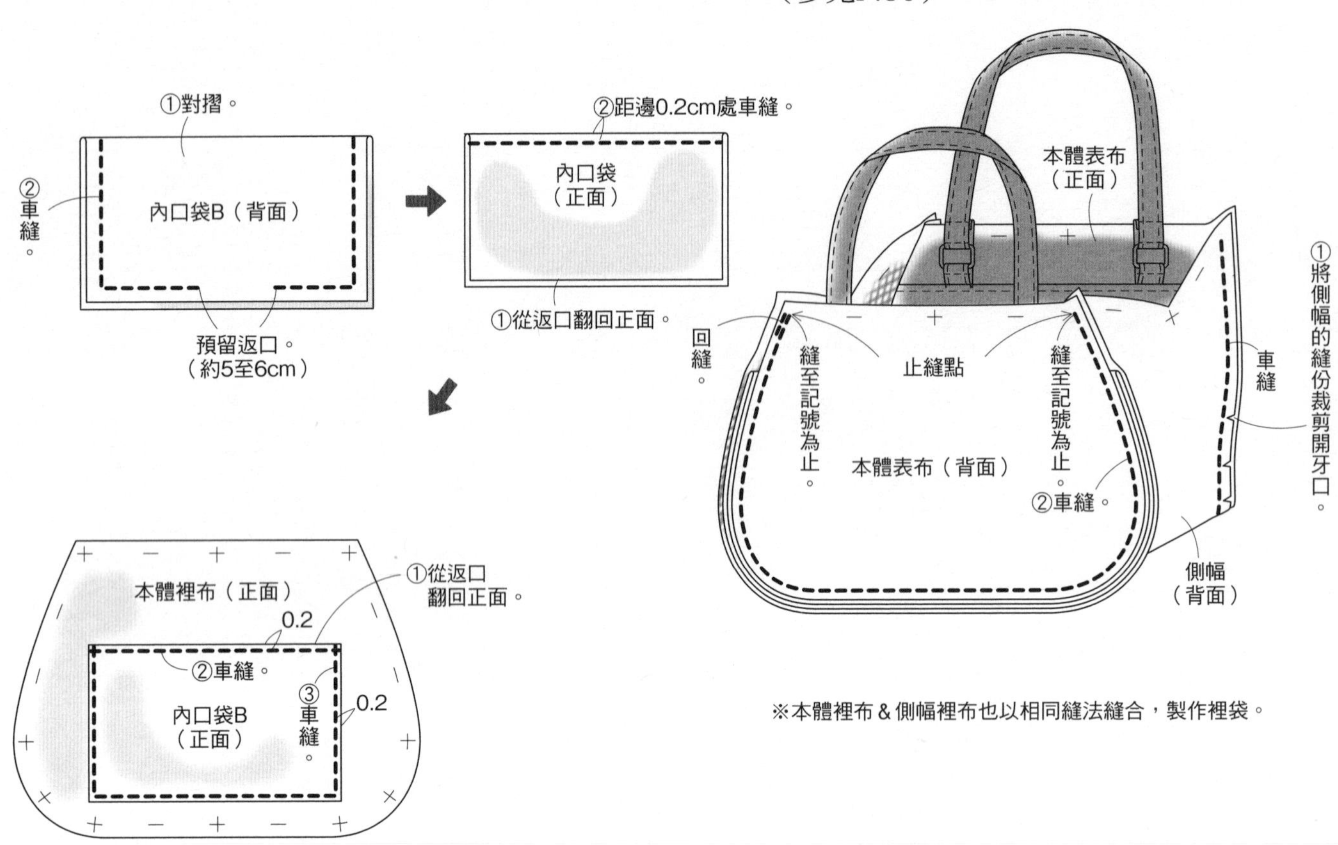

※本體裡布＆側幅裡布也以相同縫法縫合，製作裡袋。

6 縫合口袋。（參見P.30＆P.31）

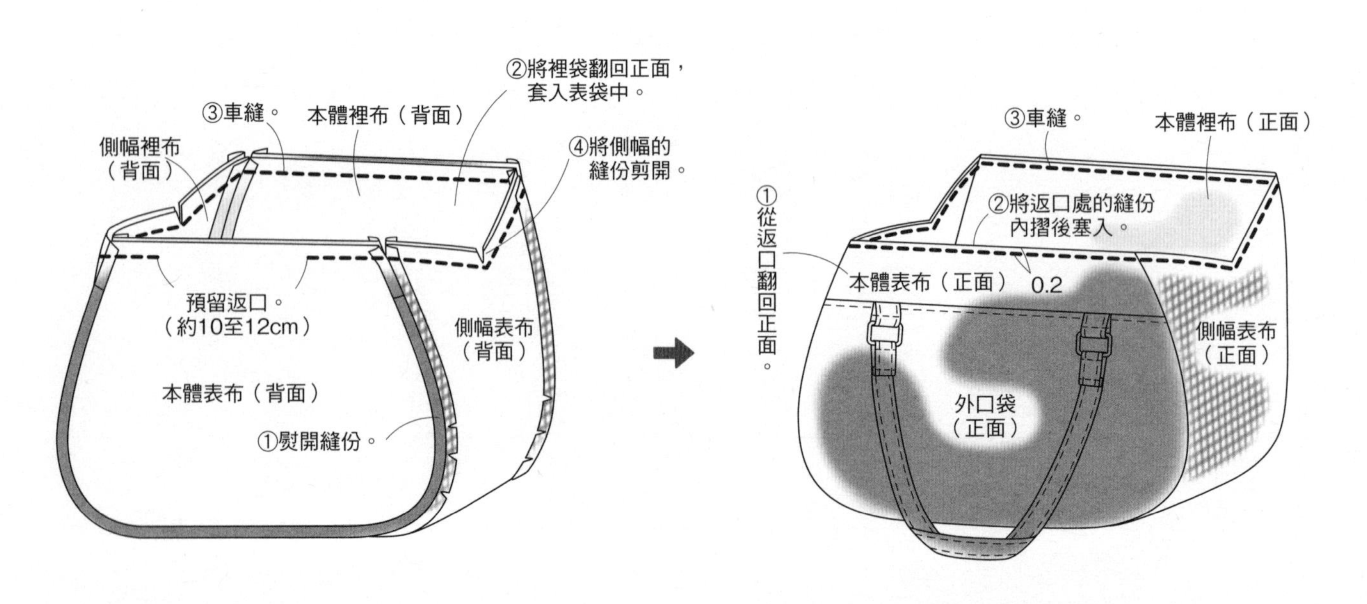

7 縫製肩背帶（只有No.2）。

8 裝接口金框（參見P.31&P.32）。

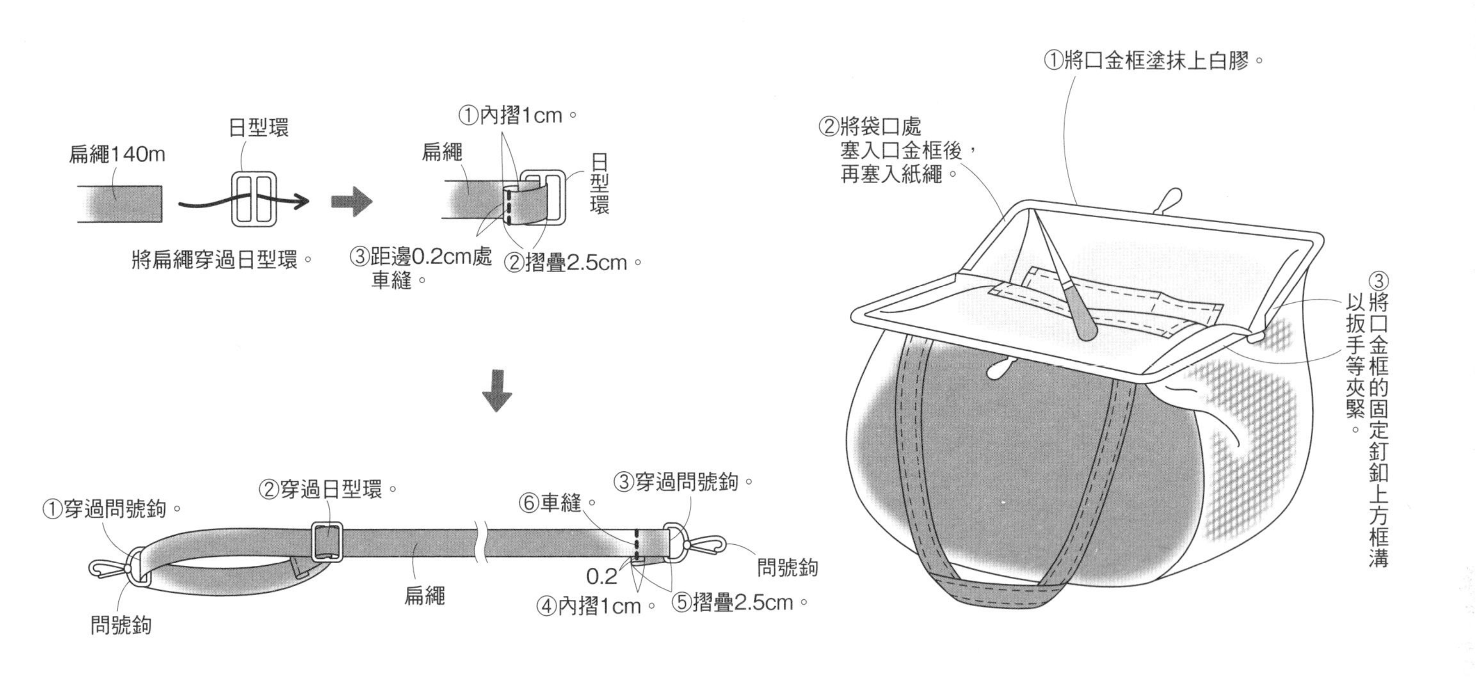

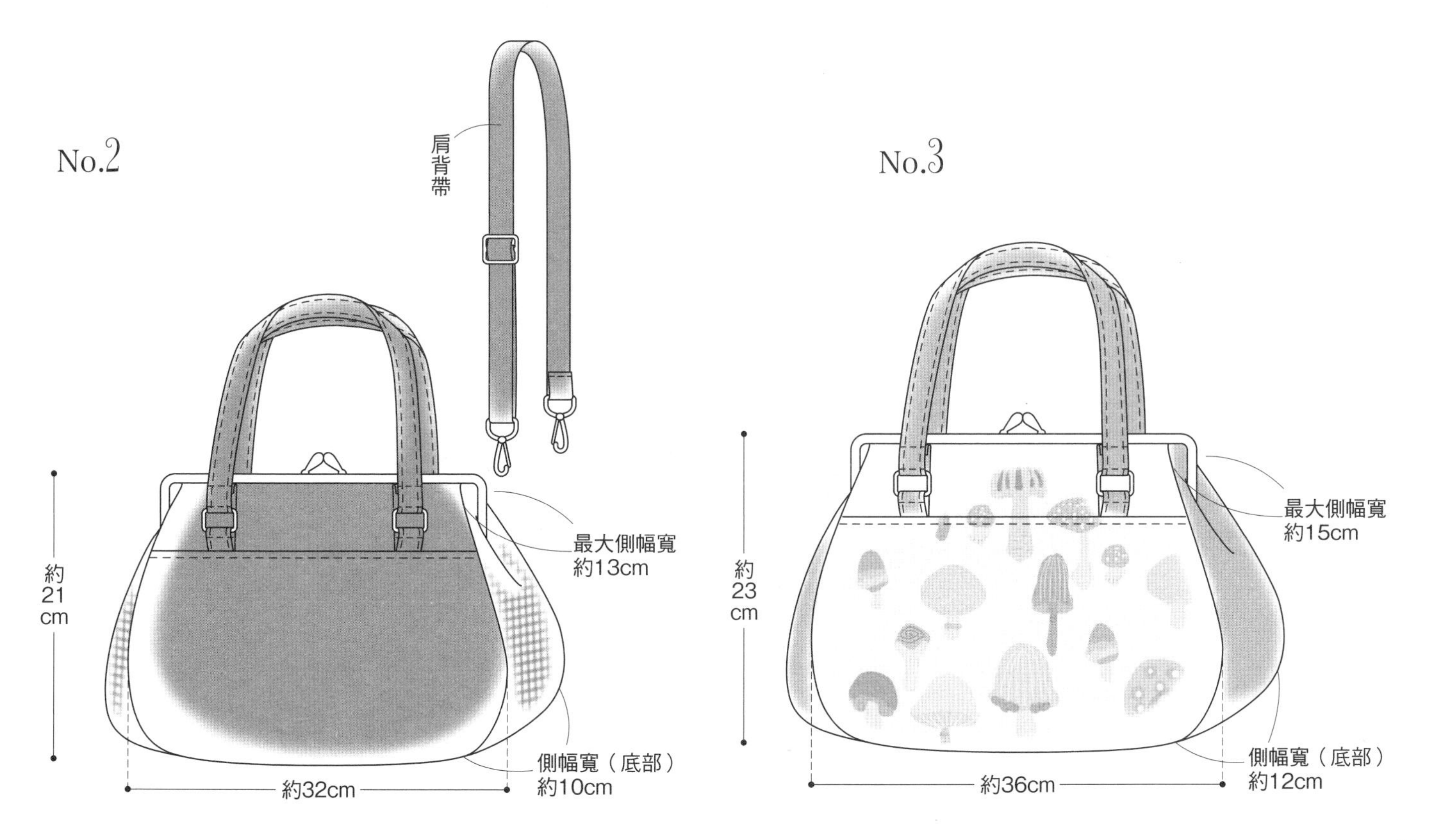

P.4 4

4 材料

表布A（亞麻布）50cm 寬 30cm
表布B（亞麻布）25cm 寬 1m50cm
裡布（印花棉布）40cm 寬 30cm
棉襯（KSP-120M）80cm 寬 30cm
口金框（寬約16.6cm 高8.5cm・タカギ纖維／CH-113-AS）1個
紙繩　60cm
問號鉤（9mm・AG）6個
長方環（12mm・AG）4個
日型環（12mm・AG）1個
25號繡線　藍色・胭脂紅

原寸紙型 **A** 面
紙型 **4**

●紙型部件
本體・側幅・內口袋・提把
肩背帶・布耳

P.4 5

5 材料

表布A（亞麻布）50cm 寬 30cm
表布B（亞麻布）25cm 寬 1m50cm
裡布（印花棉布）40cm 寬 30cm
棉襯（KSP-120M）80cm 寬 30cm
口金框（寬約16.6cm 高8.5cm・タカギ纖維／CH-113-AS）1個
紙繩　60cm
問號鉤（9mm・AG）6個
長方環（12mm・AG）4個
日型環（12mm・AG）1個
25號繡線　藍色・胭脂紅

原寸紙型 **A** 面
紙型 **5**

●紙型部件
本體・側幅・內口袋・提把
肩背帶・布耳

刺繡圖案參見 P.42。

作法

● 開始製作之前（No.4・5皆同）

・在本體表布・側幅表布的背面燙貼棉襯。

1 刺繡。

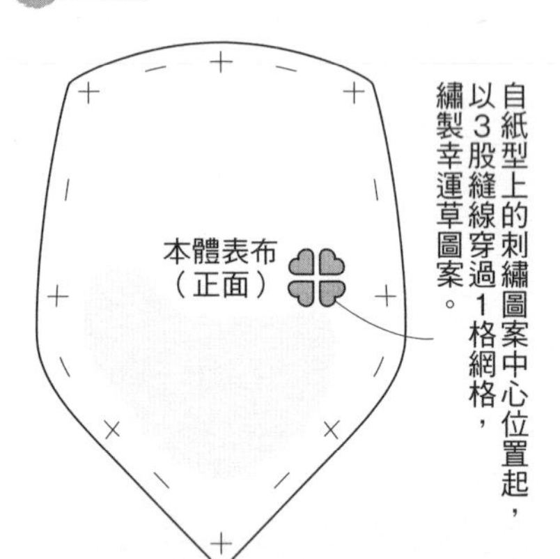

2 縫製內口袋＆接縫於本體裡布上。（參見P.44）

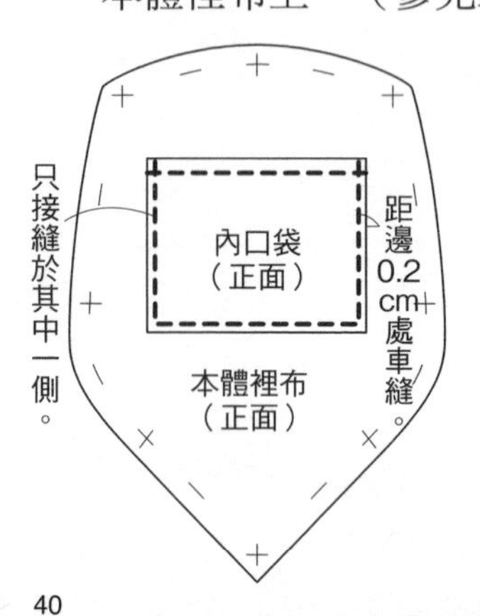

3 縫製布耳・提把・肩背帶。

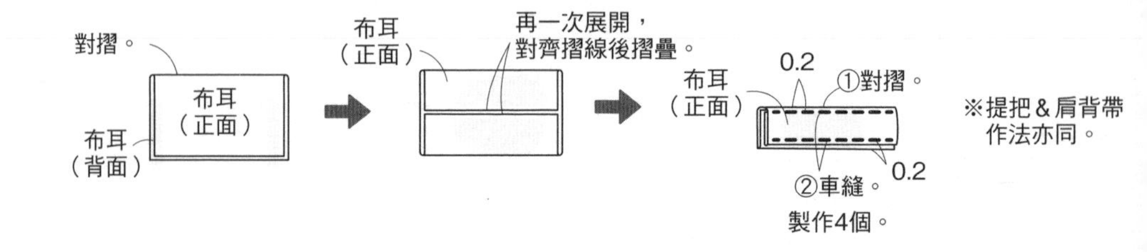

①穿過問號鉤。
②內摺1cm。
提把（正面）
④距邊0.2cm處車縫。
③摺疊2cm。
問號鉤
製作2個。

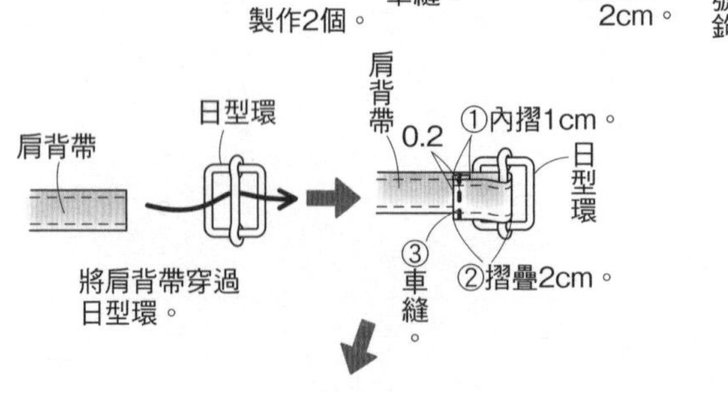

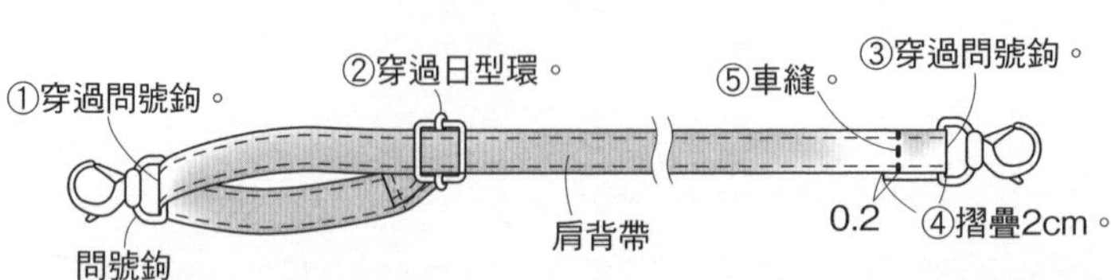

4 連接上布耳。

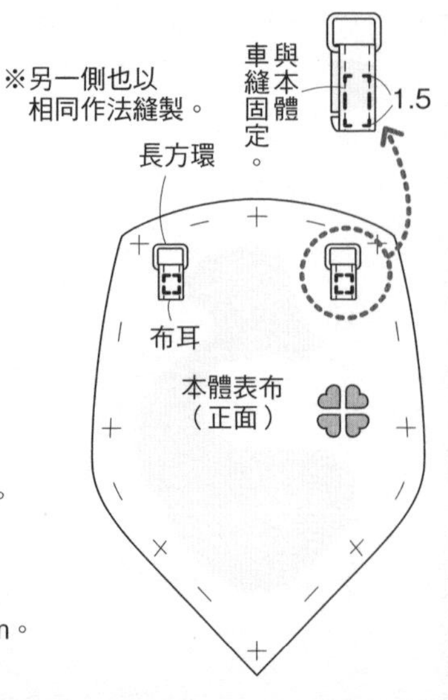

⑤ 縫合本體&側幅，製作袋身。

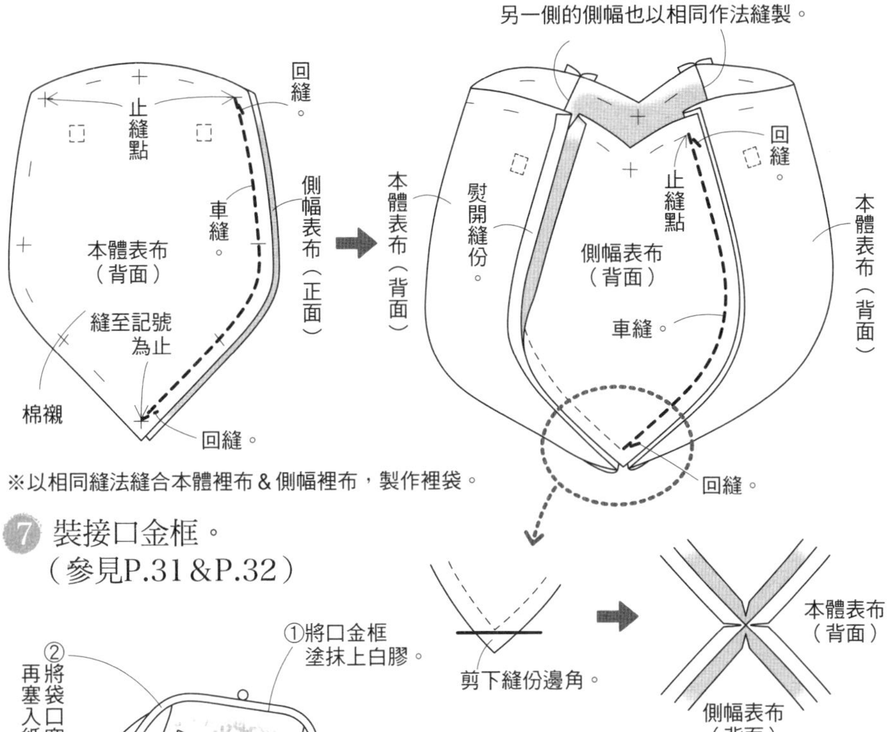

回縫。
止縫點
車縫。
側幅表布（正面）
本體表布（背面）
縫至記號為止
棉襯
回縫。

另一側的側幅也以相同作法縫製。
本體表布（背面）
熨開縫份。
回縫。
止縫點
側幅表布（背面）
車縫。
本體表布（背面）
回縫。

※以相同縫法縫合本體裡布&側幅裡布，製作裡袋。

剪下縫份邊角。
本體表布（背面）
側幅表布（背面）

⑥ 縫合袋口。

①將裡袋翻回正面，套入表袋中。
本體裡布（背面）
本體裡布（背面）
②車縫。
③剪開。（參見P.30）
預留返口。（約9至10cm）
側幅表布（背面）
本體表布（背面）
側幅表布（背面）

②將返口縫份內摺後塞入。
本體裡布（正面）
0.2
③車縫。
①從返口翻回正面。
側幅表布（正面）
本體表布（正面）

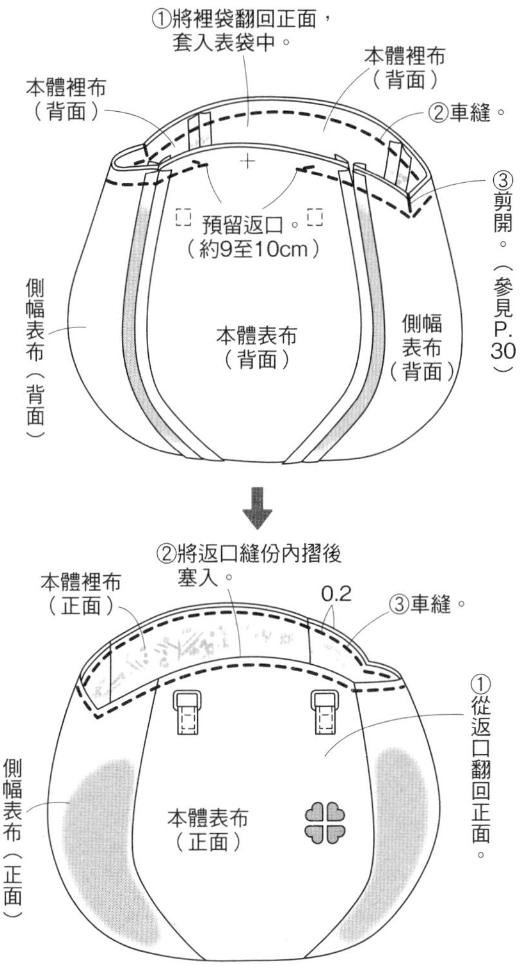

⑦ 裝接口金框。
（參見P.31&P.32）

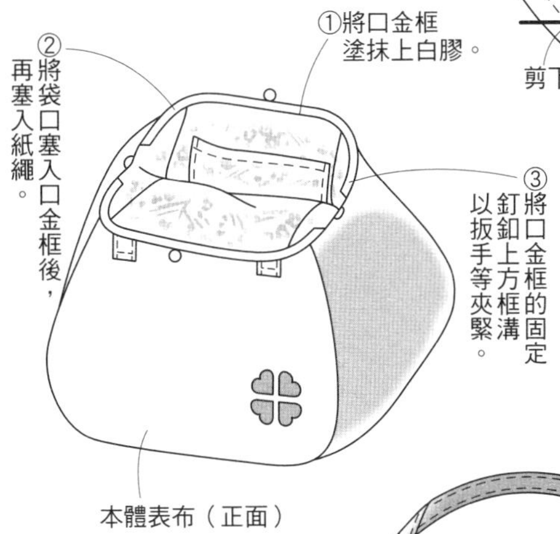

①將口金框塗抹上白膠。
②將袋口塞入口金框後，再塞入紙繩。
③將口金框上方框溝的固定釘釦以扳手等夾緊。
本體表布（正面）

完成！

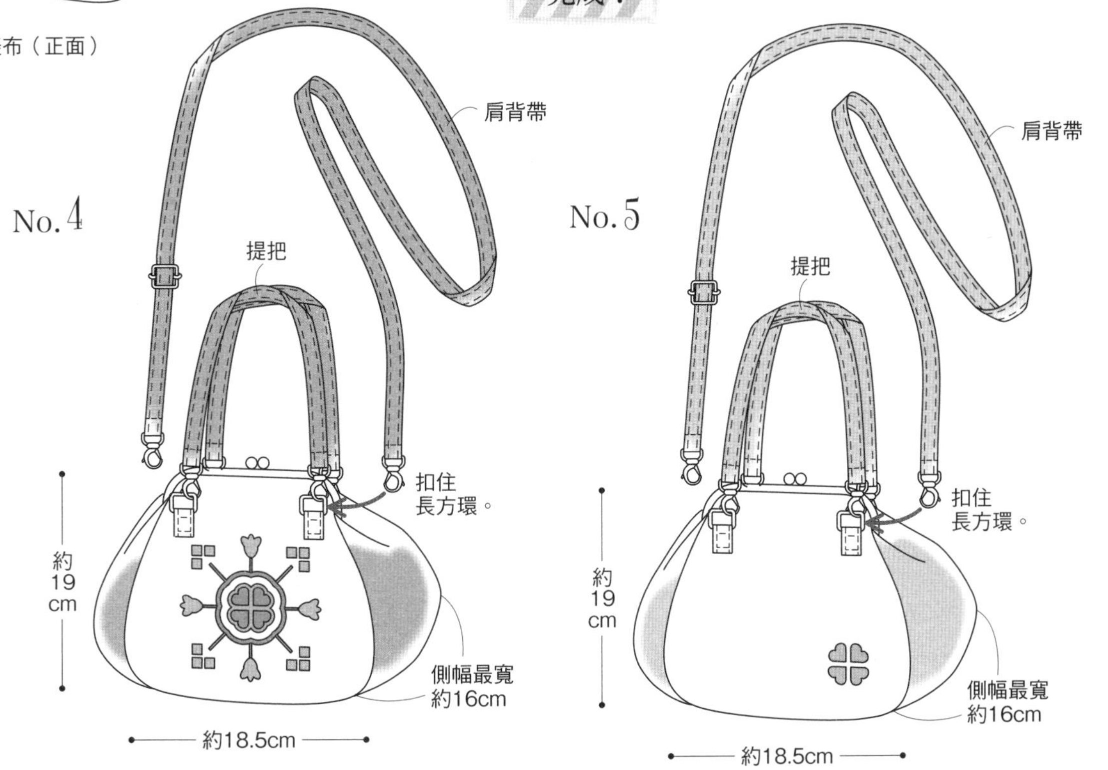

No.4
肩背帶
提把
扣住長方環。
約19cm
側幅最寬約16cm
約18.5cm

No.5
肩背帶
提把
扣住長方環。
約19cm
側幅最寬約16cm
約18.5cm

P.4 4・5 刺繡圖案

※以25號繡線繡製時取2股。

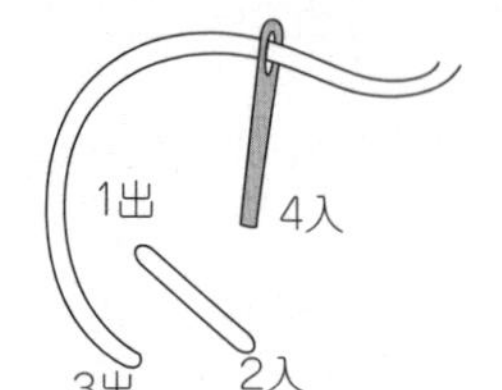

○ ＝No.4 胭脂紅　No.5 藍色

● ＝No.4 藍色　No.5 胭脂紅

1網格約2mm，以3股縫線繡出幸運草的圖案。

1網格

No.4

中心

No.5

7 材料

表布A（雙層棉紗布）50cm 寬 25cm
表布B（帆布）50cm 寬 15cm
裡布（格子布）90cm 寬 25cm
棉襯（KSP-120M）50cm 寬 25cm
布襯（FV-7）110cm 寬 25cm
口金框（寬約18.5cm 高約8.5cm・INAZUMA／BK-1874-AG）1個
肩背帶（寬1.5cm 皮革提把・INAZUMA／BS-1502A- #25 深褐色）1條

原寸紙型 **B** 面
紙型 **7**

●紙型部件
本體・底布・內口袋

開始製作之前

・在本體表布的背面燙貼棉襯。
・在底布＆本體裡布的背面燙貼布襯。

作法

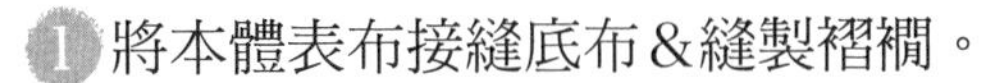

1 將本體表布接縫底布＆縫製褶襉。

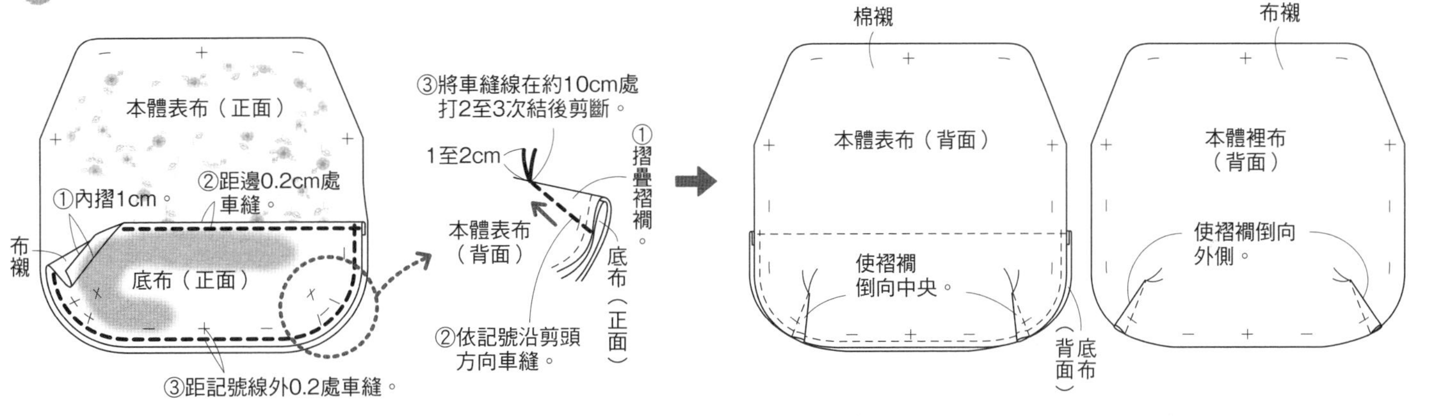

2 縫製內口袋＆接縫於本體裡布上。（參見P.29＆P.30）

4 縫合袋口。

5 裝接口金框（參見P.31＆P.32）。

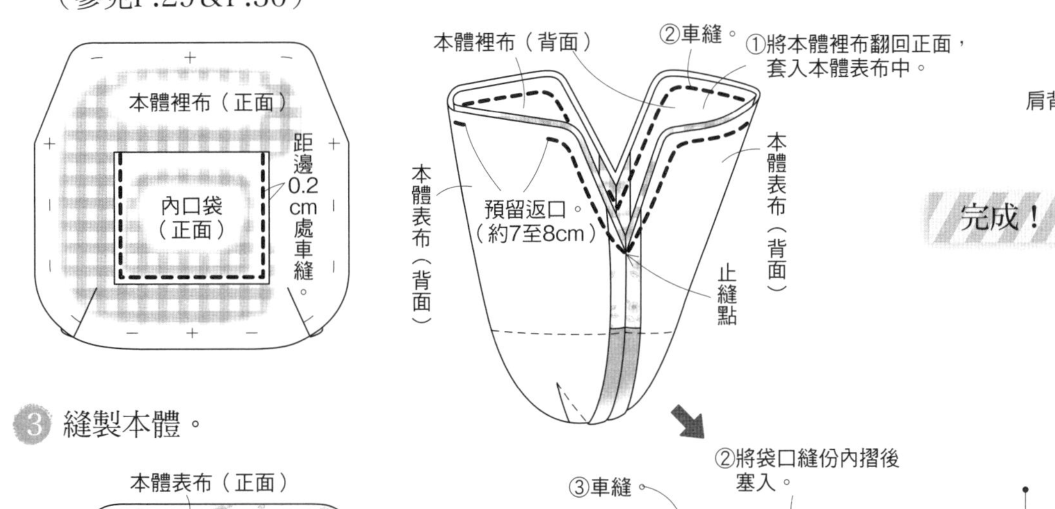

3 縫製本體。

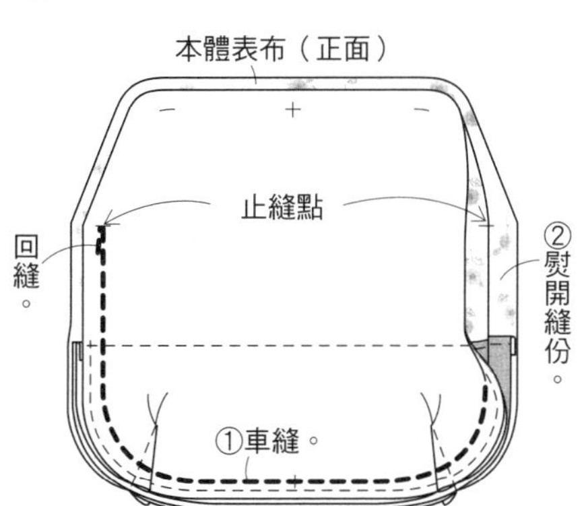

※本體裡布也以相同作法縫合。

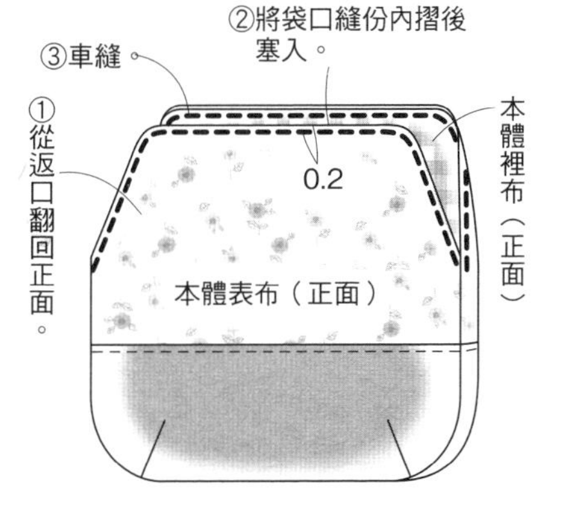

完成！

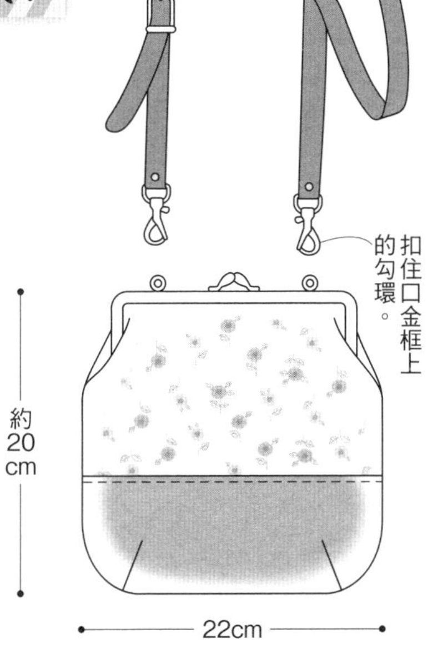

P.6　6

6 材料

表布（彩色丹寧布）110cm 寬 45cm
裡布（印花棉布）110cm 寬 45cm
棉襯（KSP-120M）100cm 寬 45cm
口金框（寬約18.5cm 高約8.5cm・INAZUMA／BK-1874-AG）1個
問號鉤（15mm・INAZUMA／AK-19-15-AG）2個

原寸紙型 **B** 面
紙型 **6**

●紙型部件
本體・側幅・底部・內口袋
提把

開始製作之前

・在本體表布・側幅表布・底部表布的背面燙貼棉襯。

作法

1 縫製內口袋＆接縫於本體裡布上。

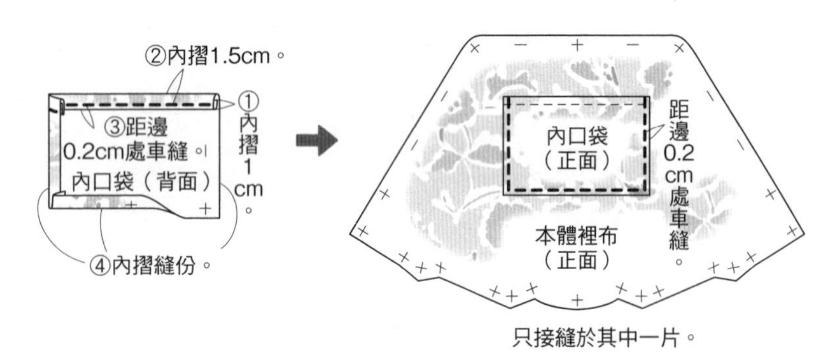

只接縫於其中一片。

2 作出打褶。

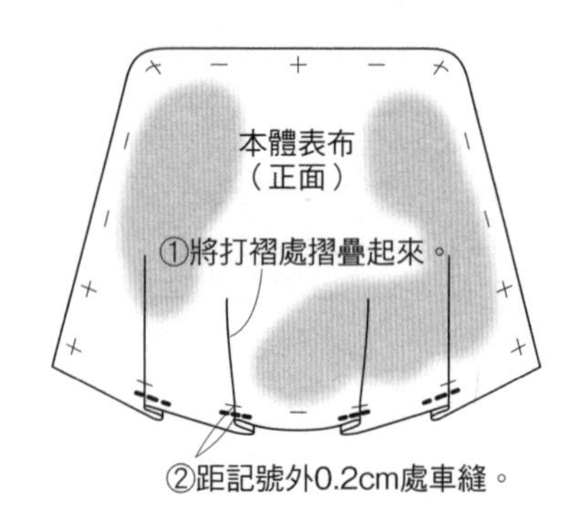

※本體裡布也以相同作法打摺。

3 縫合本體＆底部。

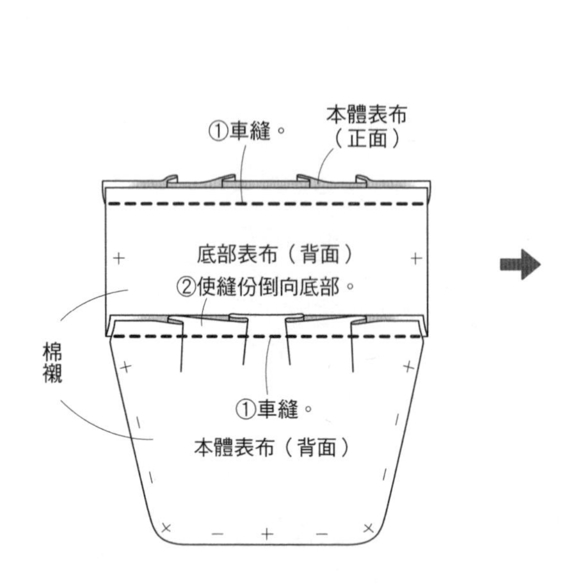

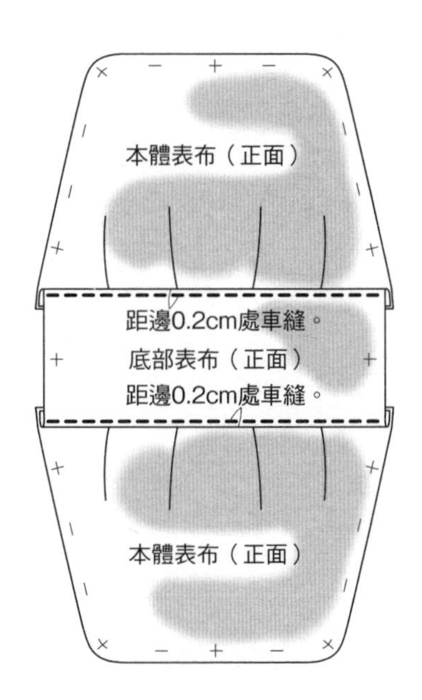

※以相同作法縫合本體裡布＆底部裡布。

④ 縫合本體・底部&側幅，製作袋身。

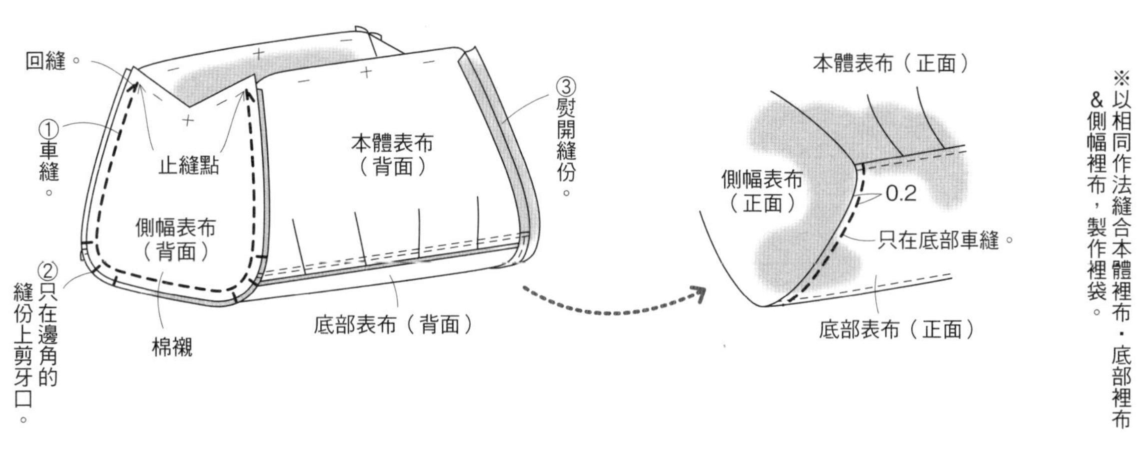

⑤ 縫合袋口。

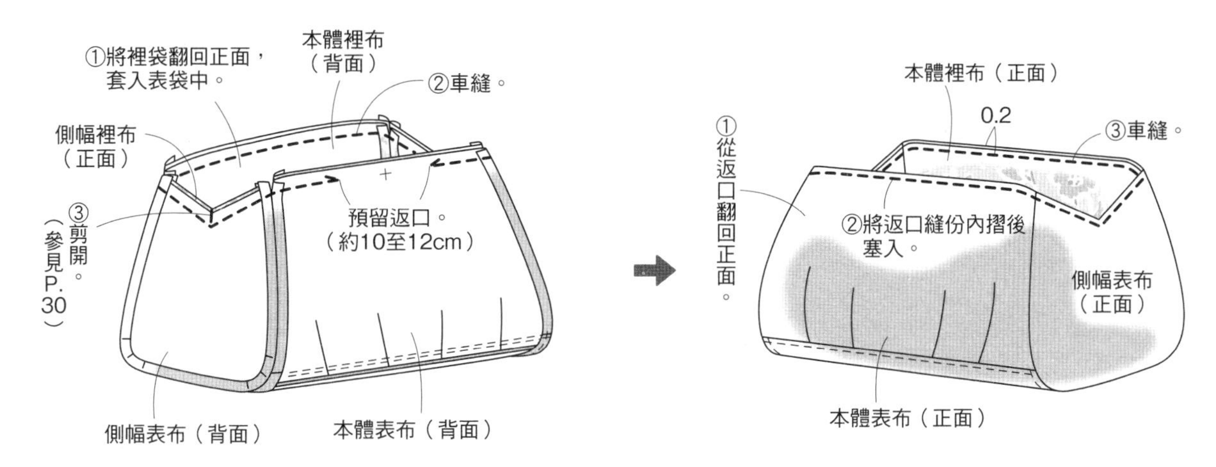

⑥ 裝接口金框（參見P.31&P.32）。

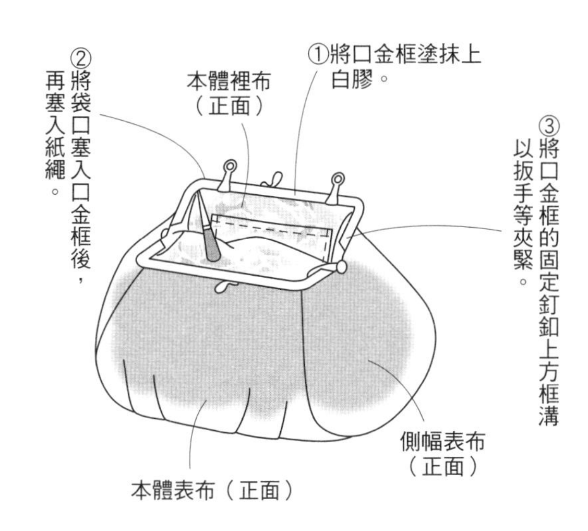

完成！

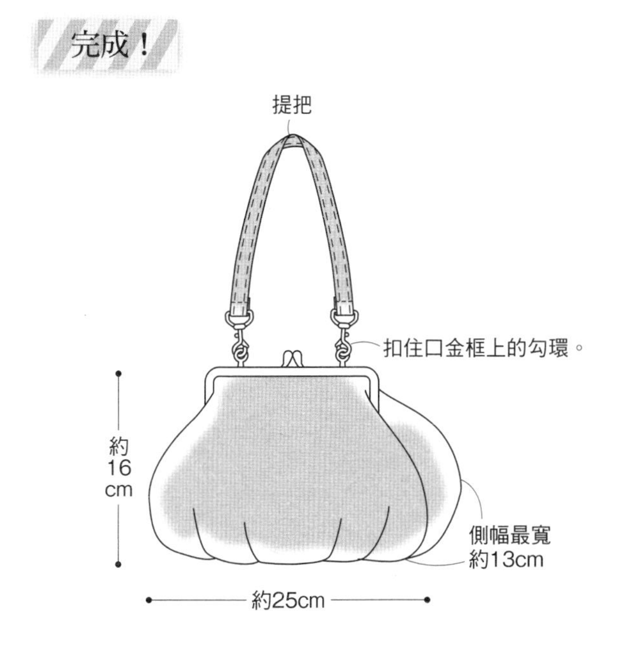

⑦ 縫製提把（參見P.47）。

P.7 8

8 材料

表布A（素色棉麻布）35cm 寬 50cm
表布B（印花棉麻布）35cm 寬 40cm
裡布（印花棉布）55cm 寬 50cm
棉襯（KSP-120M）35cm 寬 50cm
口金框（寬約16.5cm 高約8.5cm・INAZUMA／BK-1647-AG）1個
問號鉤（15mm・INAZUMA／AK-19-15-AG）2個
肩背帶（寬10mm合成皮革提把・INAZUMA／YAS-1012- #870深褐色）1條
皮革線

原寸紙型 B 面
紙型 8

●紙型部件
本體・側幅・外口袋・內口袋
提把

作法

● 開始製作之前

・在本體表布・側幅表布・外口袋表布的背面燙貼棉襯。

1 縫製褶襉。

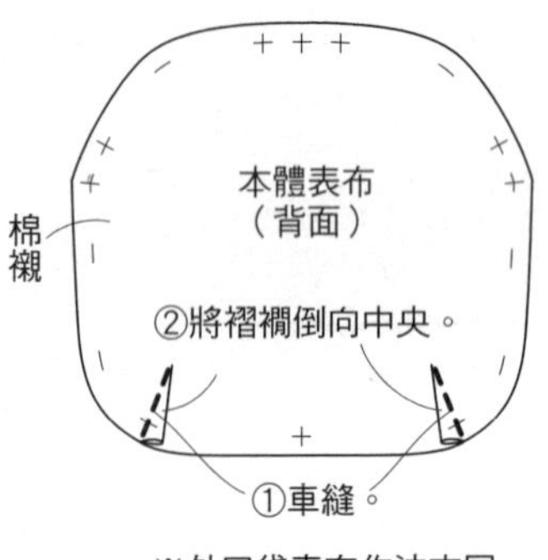

※外口袋表布作法亦同。

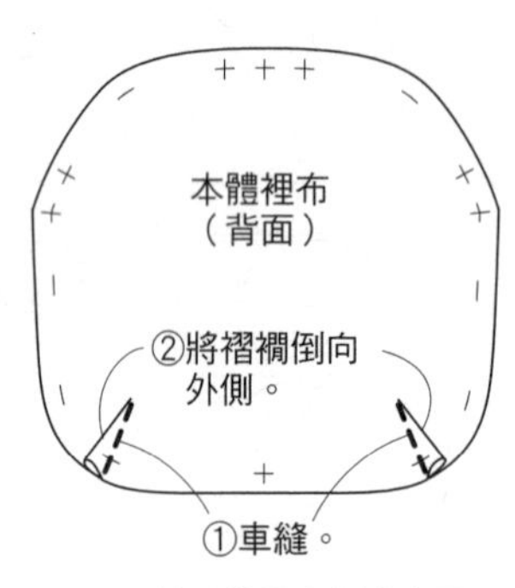

※外口袋裡布作法亦同。

2 縫製內口袋&接縫於本體裡布上。

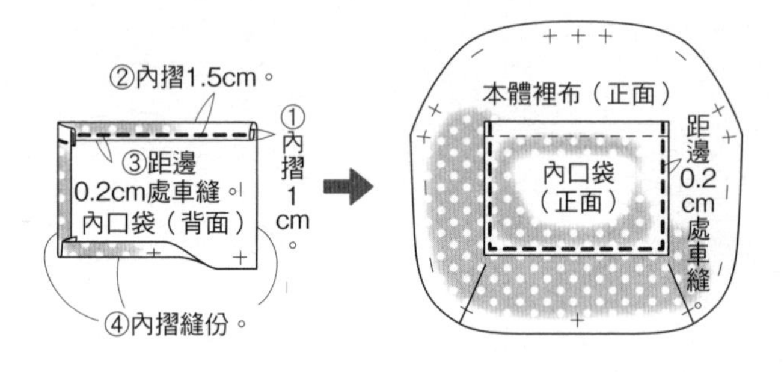

※只接縫於其中一片。

3 縫製打褶處。

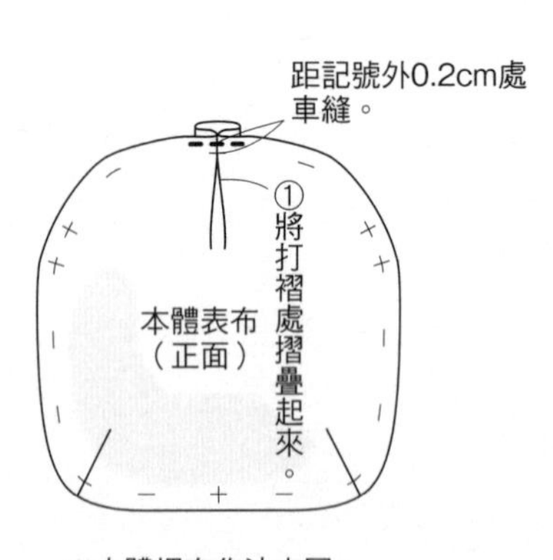

※本體裡布作法亦同。

4 縫製外口袋&接縫於本體表布上。

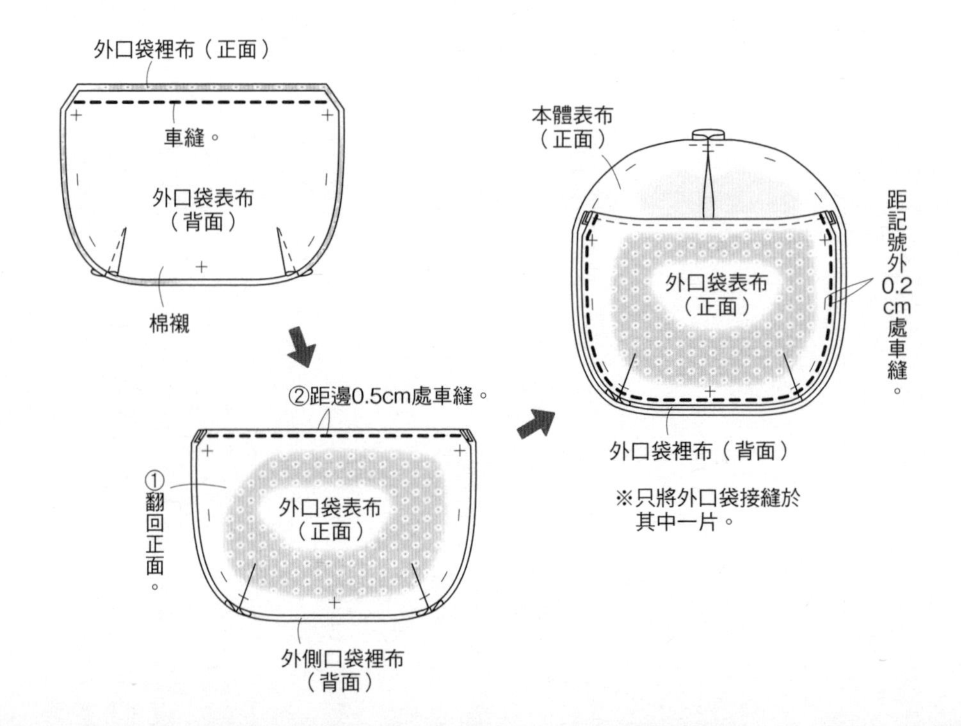

※只將外口袋接縫於
其中一片。

5 縫合本體&側幅，製作袋身。

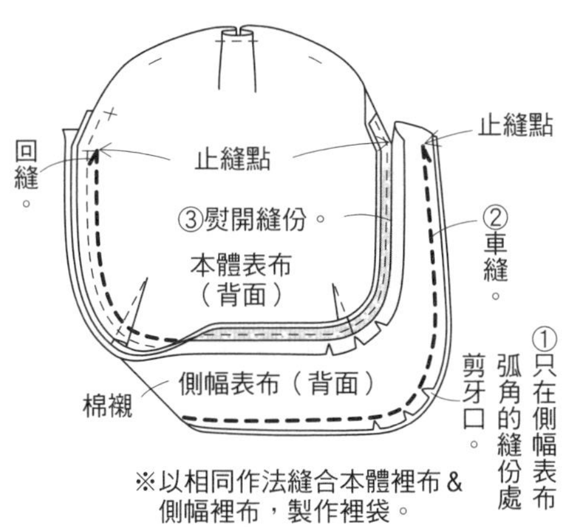

※以相同作法縫合本體裡布&側幅裡布，製作裡袋。

6 縫合袋口。

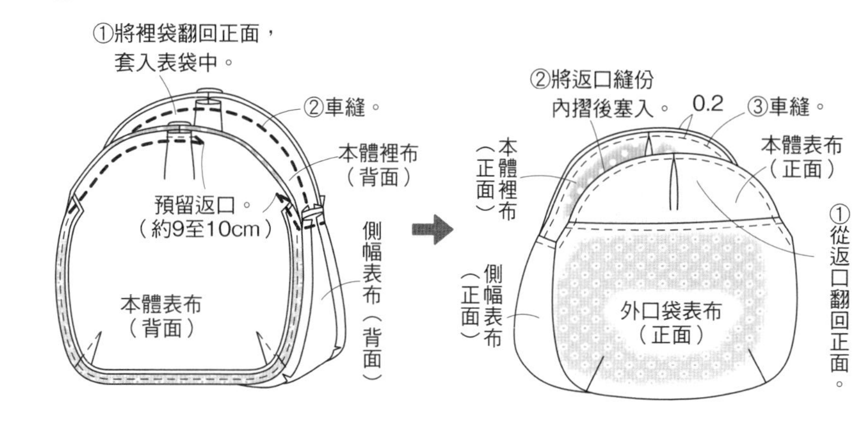

7 裝接口金框。

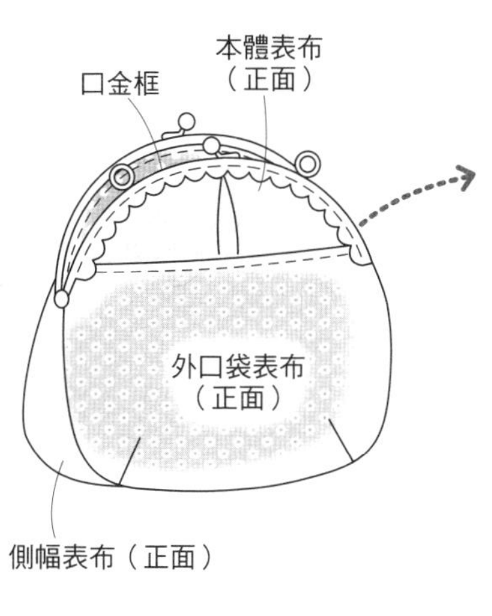

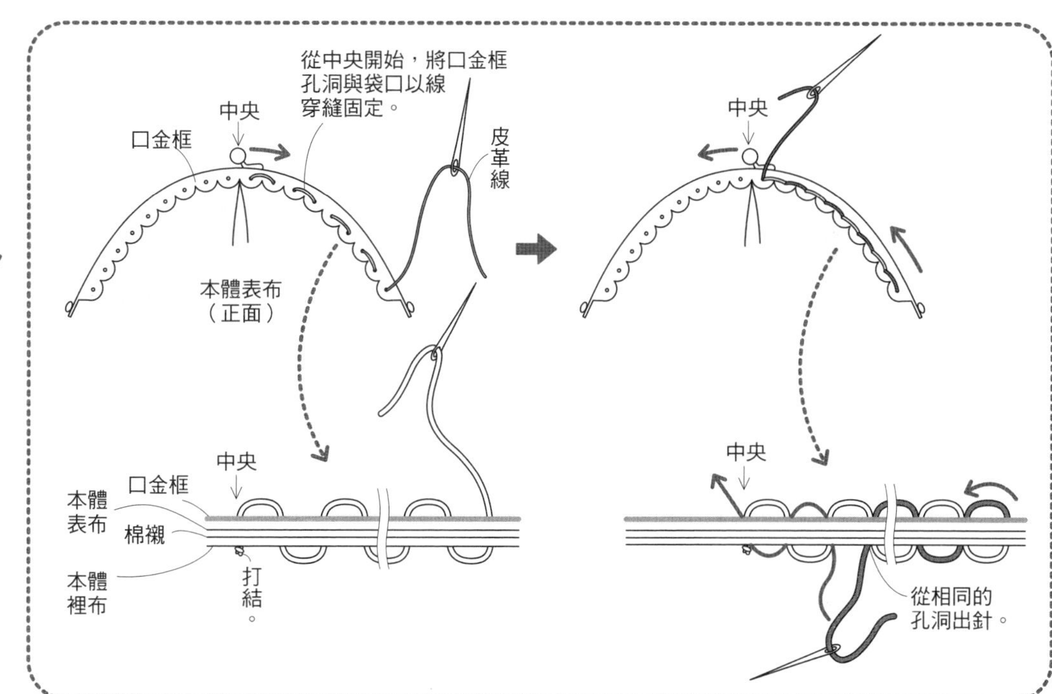

8 縫製提把。

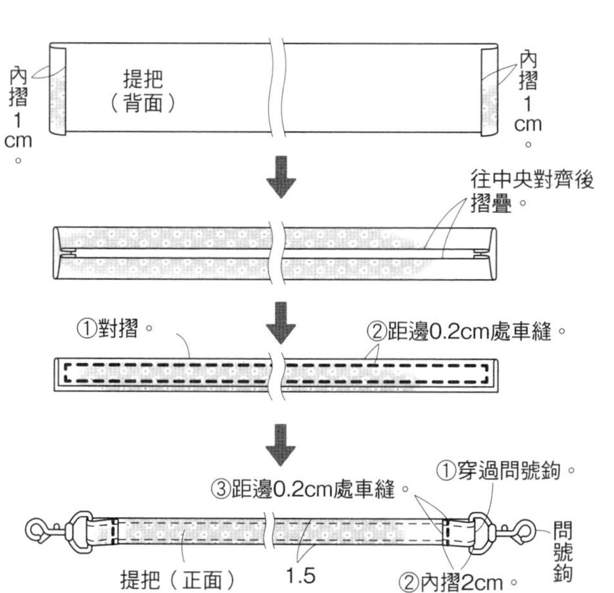

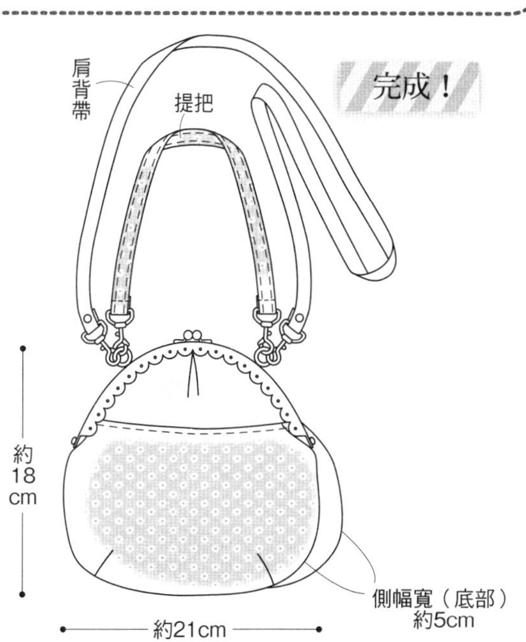

P.8 9

9 材料

表布（牛津布）60cm 寬 1m30cm
裡布（印花棉布）110cm 寬 50cm
棉襯（拼接表布＆底部表布・KSP-120M）70cm 寬 20cm
極薄棉襯（本體表布・KSP-100M）90cm 寬 25cm
口金框（寬約15.5cm 高約6cm・角田／15.5cm無勾環大珠口金 - N 紅色）1個
紙繩　60cm
問號鉤（15mm・角田／H18／No.304-15mm／N）4個
D環（15mm・角田／M31-15mm／N）2個

原寸紙型 **A** 面
紙型 **9**

●紙型部件
拼接布・本體・底部・內口袋A
內口袋B・提把・肩背帶・布耳

P.8 10

10 材料

表布（水手布）60cm 寬 1m30cm
裡布（印花棉布）110cm 寬 50cm
棉襯（拼接表布＆底部表布・KSP-120M）70cm 寬 20cm
極薄棉襯（本體表布・KSP-100M）90cm 寬 25cm
口金框（寬約15.5cm 高約6cm・角田／15.5cm 無勾環大珠口金 - ATS 黑色）1個
紙繩　60cm
問號鉤（15mm・角田／H18／No.304-15mm／AT）4個
D環（15mm・角田／M31-15mm／AT）2個
蕾絲花樣（5cm × 5cm）1片

原寸紙型 **A** 面
紙型 **10**

●紙型部件
拼接布・本體・底部・內口袋A
內口袋B・提把・肩背帶・布耳

開始製作之前（No.9・10共用）
・在本體表布的背面燙貼極薄棉襯。
・在表拼接布・底部表布的背面燙貼棉襯。

作法

1 縫合本體表布＆表拼接布。

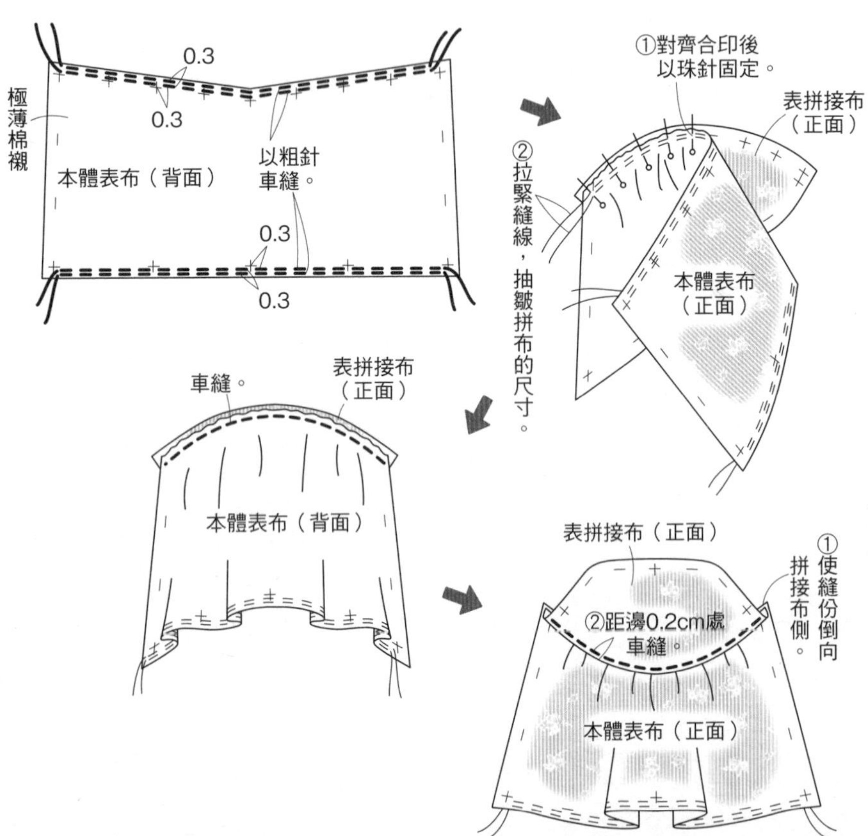

2 縫製內口袋。

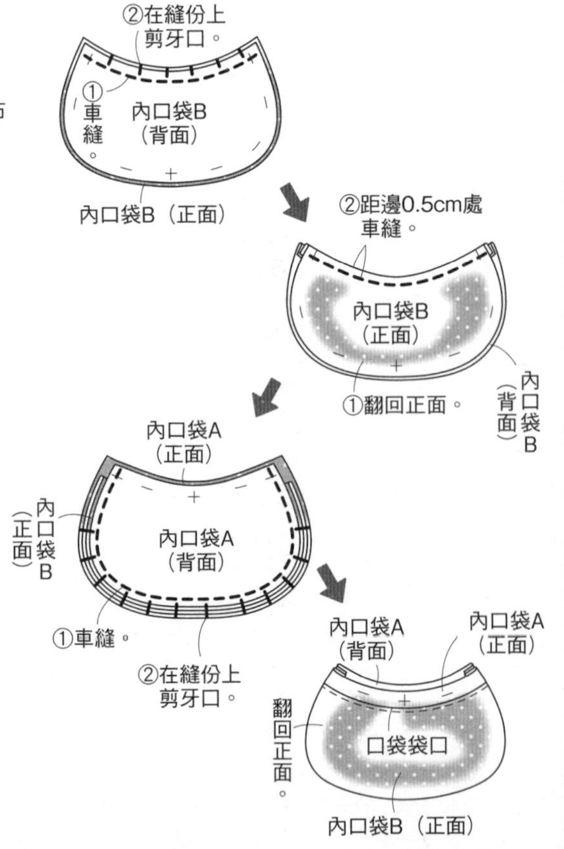

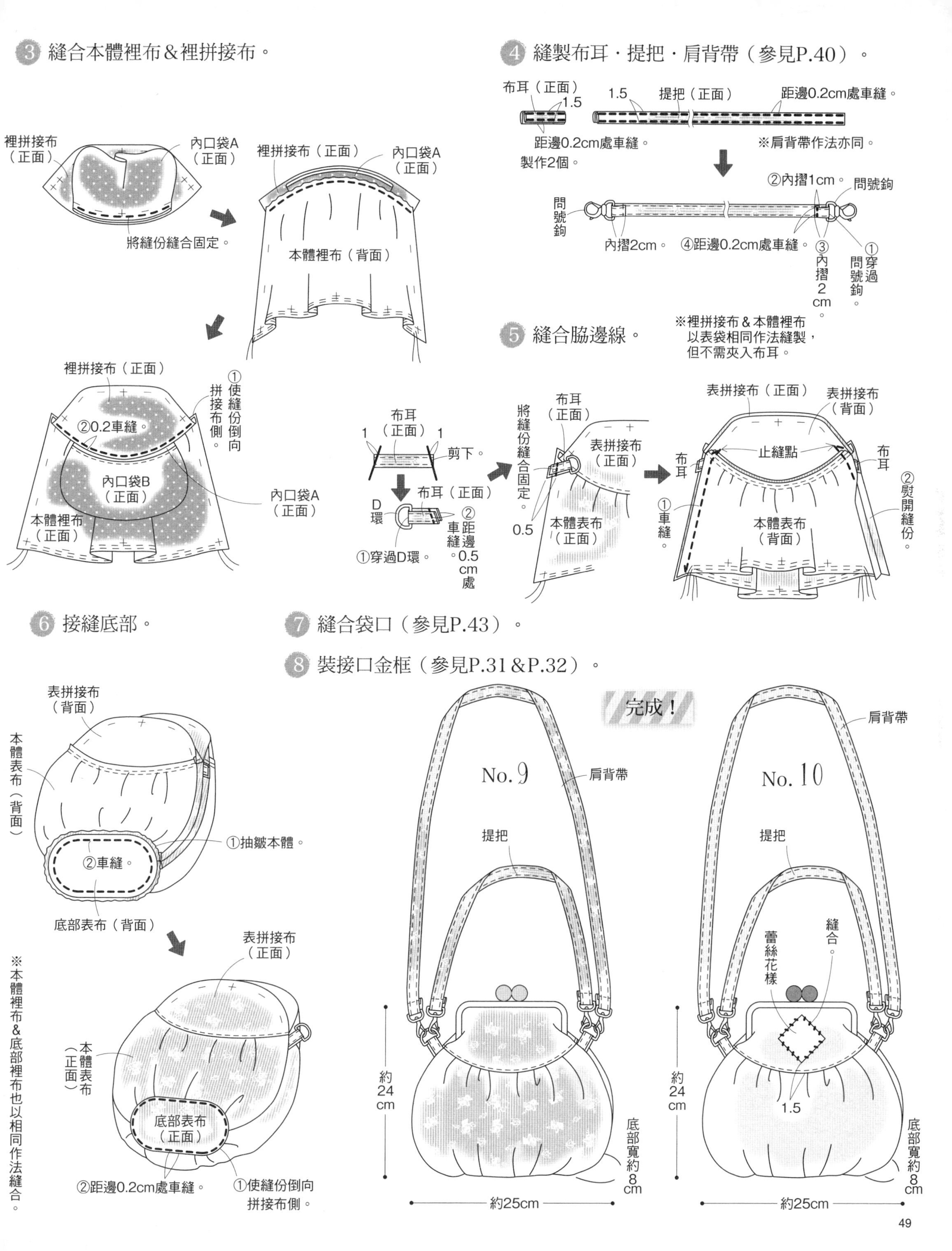

3 縫合本體裡布&裡拼接布。
裡拼接布（正面）
內口袋A（正面）
將縫份縫合固定。
裡拼接布（正面）
內口袋A（正面）
本體裡布（背面）
裡拼接布（正面）
①使縫份倒向拼接布側。
②0.2車縫。
內口袋B（正面）
內口袋A（正面）
本體裡布（正面）
4 縫製布耳・提把・肩背帶（參見P.40）。
布耳（正面）
1.5
1.5
提把（正面）
距邊0.2cm處車縫。
距邊0.2cm處車縫。
製作2個。
※肩背帶作法亦同。
②內摺1cm。
問號鉤
問號鉤
內摺2cm。
④距邊0.2cm處車縫。
③內摺2cm。
①穿過問號鉤。
5 縫合脇邊線。
※裡拼接布&本體裡布以表袋相同作法縫製，但不需夾入布耳。
布耳（正面）
1
1
剪下。
布耳（正面）
D環
①穿過D環。
②車距縫邊0.5cm處
將縫份縫合固定。
布耳（正面）
表拼接布（正面）
0.5
本體表布（正面）
表拼接布（正面）
表拼接布（背面）
止縫點
布耳
布耳
①車縫。
②熨開縫份。
本體表布（背面）
6 接縫底部。
7 縫合袋口（參見P.43）。
8 裝接口金框（參見P.31&P.32）。
表拼接布（背面）
本體表布（背面）
①抽皺本體。
②車縫。
底部表布（背面）
表拼接布（正面）
本體表布（正面）
底部表布（正面）
②距邊0.2cm處車縫。
①使縫份倒向拼接布側。
※本體裡布&底部裡布也以相同作法縫合。
完成！
No.9
肩背帶
提把
約24cm
底部寬約8cm
約25cm
No.10
肩背帶
提把
蕾絲花樣
縫合。
1.5
約24cm
底部寬約8cm
約25cm
49

P.10 11

11 材料

表布A（棉麻帆布）110cm 寬 65cm
表布B（蕾絲布料）110cm 寬 65cm
裡布（印花棉布）110cm 寬 65cm
布襯（FV-7）110cm 寬 65cm
口金框（寬約24cm 高約12cm・INAZUMA／BK-2420-AG）1個
塑膠珠（大小約16mm・INAZUMA／CT-16- #0 象牙白）2個
長方環（15mm・INAZUMA／AK-5-15-AG）4個

原寸紙型 **B** 面
紙型 **11**

●紙型部件
本體・側幅・內口袋・提把・布耳

開始製作11之前

・在本體表布（表布A）的背面燙貼棉襯。
・在側幅表布（表布A）・本體裡布側幅裡布・布耳・提把的背面燙貼布襯。

P.10 12

12 材料

表布（絎縫繡布）108cm 寬 65cm
裡布（印花棉布）110cm 寬 65cm
布襯（FV-7）90cm 寬 65cm
口金框（寬約24cm 高約12cm・INAZUMA／BK-242-AG-#15 翡翠色）1個
長方環（20mm・INAZUMA／AK-5-20-AG）4個

原寸紙型 **B** 面
紙型 **12**

●紙型部件
本體・側幅・內口袋・提把・布耳

開始製作12之前

・在本體裡布・側幅裡布的背面燙貼布襯。

作法

1 將表布A、B重疊後縫合（只有No.11）。

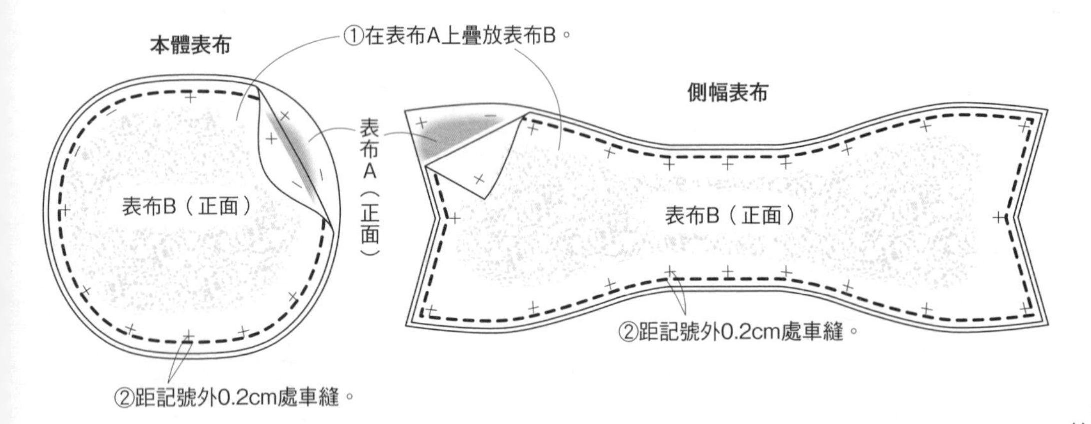

2 縫製布耳&提把。

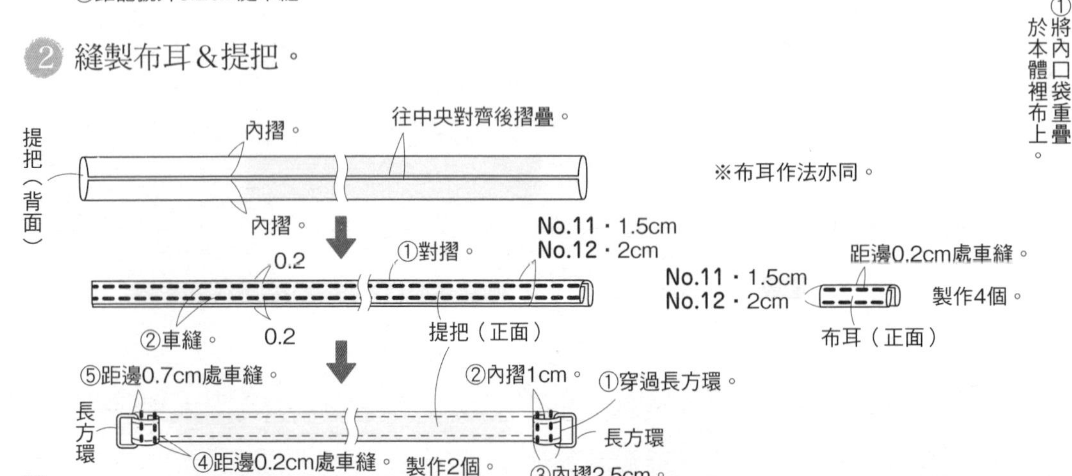

3 縫製內口袋。

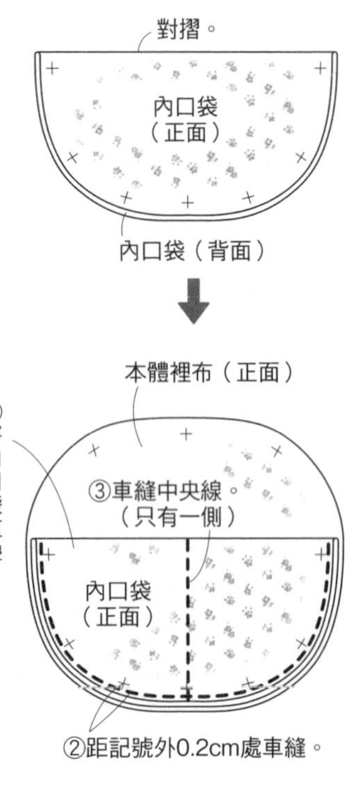

④ 縫合本體&側幅，製作袋身。

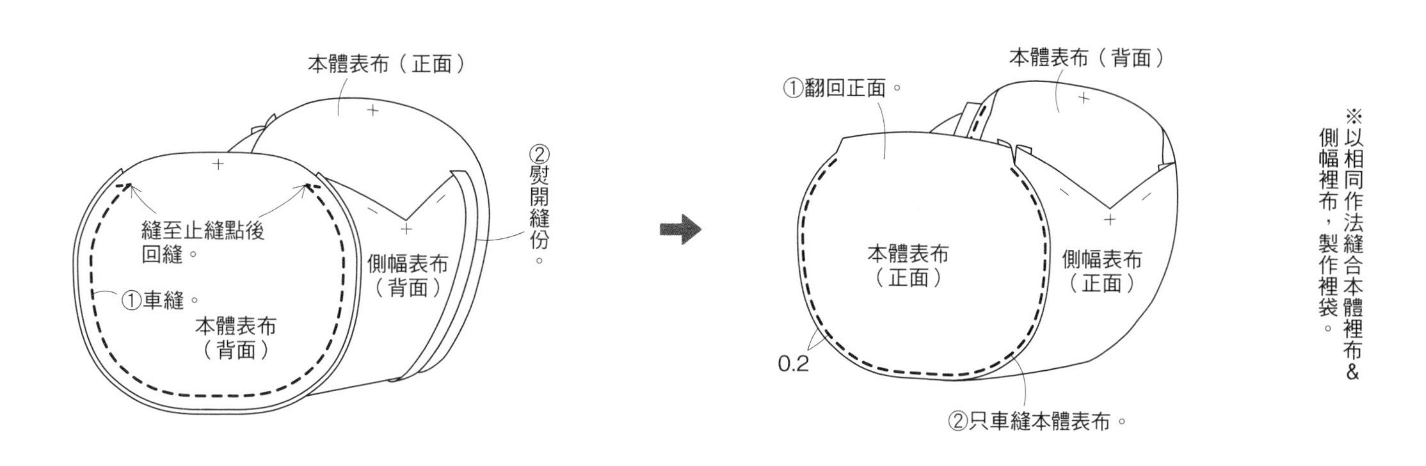

⑤ 縫合袋口&接縫提把。

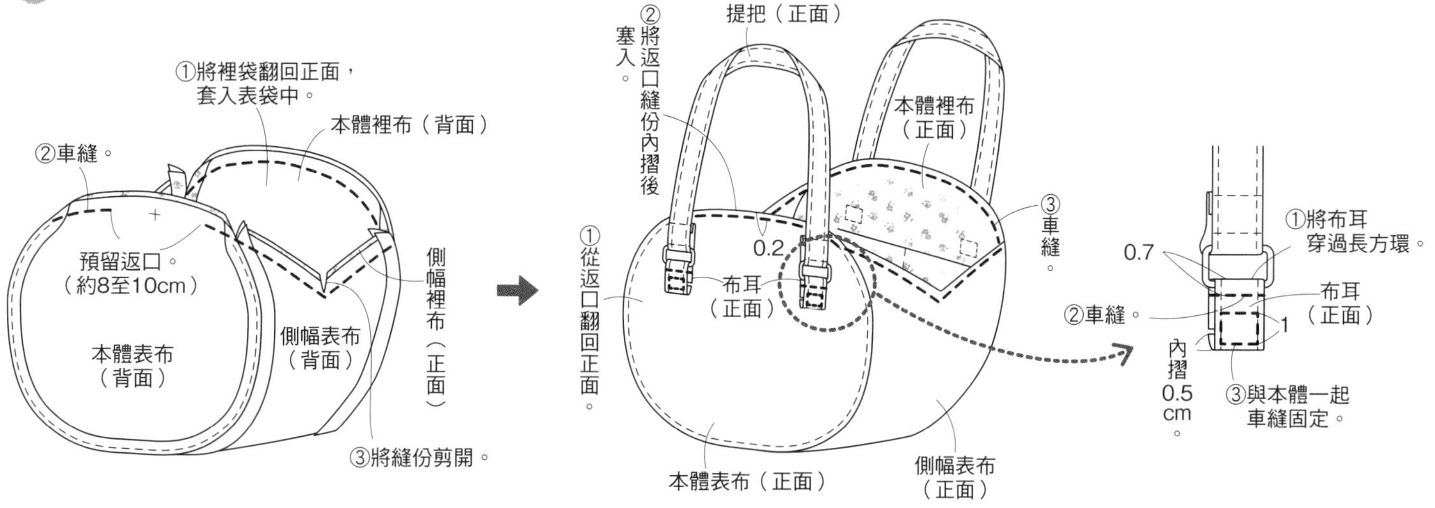

⑥ 裝接口金框。（參見P.31&P.32）

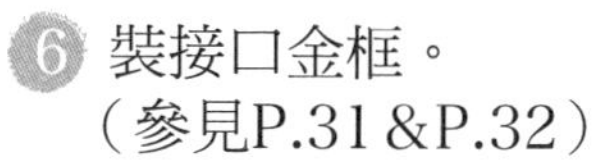

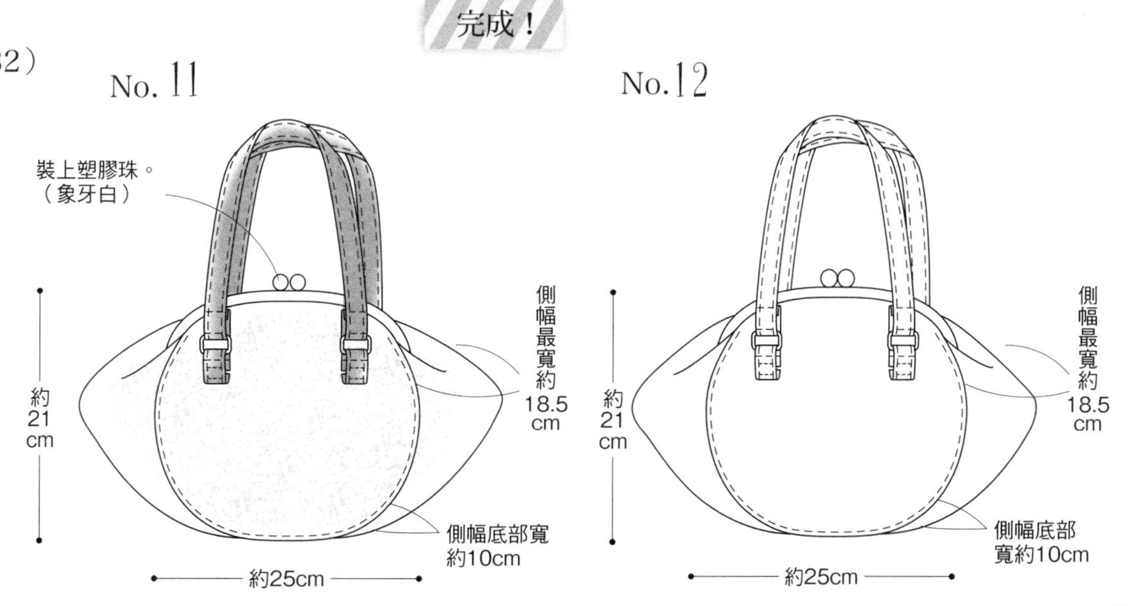

P.12　13

13 材料

表布（11號帆布）70cm 寬 60cm
裡布（印花被單布）80cm 寬 60cm
布襯（FV-7）122cm 寬 60cm
包邊帶　2mm 寬 100cm
口金框（寬約24cm 高約12cm・INAZUMA／BK-2420-S）1個
塑膠珠（大小約25mm・INAZUMA／CT-25- #26 黑色）2個
長方環（15mm・INAZUMA／AK-5-15-S）4個

原寸紙型 B 面
紙型 13

●紙型部件
本體・側幅・內口袋A
內口袋B・提把・布耳

作法

開始製作之前

・在本體表布的背面燙貼上2片布襯。（一片接著一片燙貼）
・在本體裡布・側幅表布・側幅裡布・提把布耳的背面燙貼布襯。

1 縫製內口袋A・B＆接縫於本體裡布上。

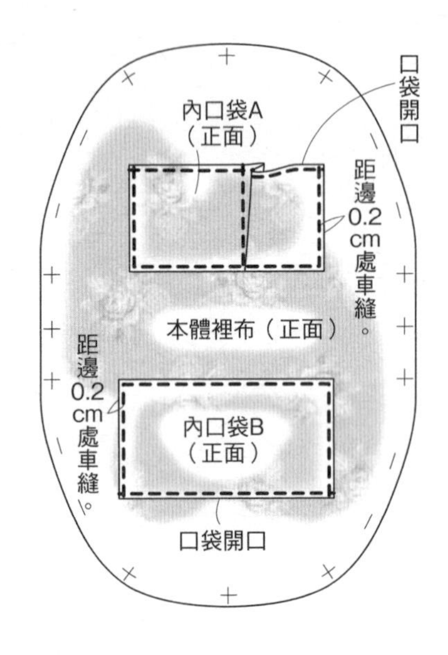

※內口袋A的縫法參見P.37。
內口袋B的縫法參見P.29＆P.30。

2 縫合本體＆側幅，製作袋身。

Point
將壓布腳替換成拉鍊用壓布腳，會縫製得更漂亮喔！

※以相同縫法縫合本體裡布＆側幅裡布，製作裡袋，但不需夾入包邊帶。

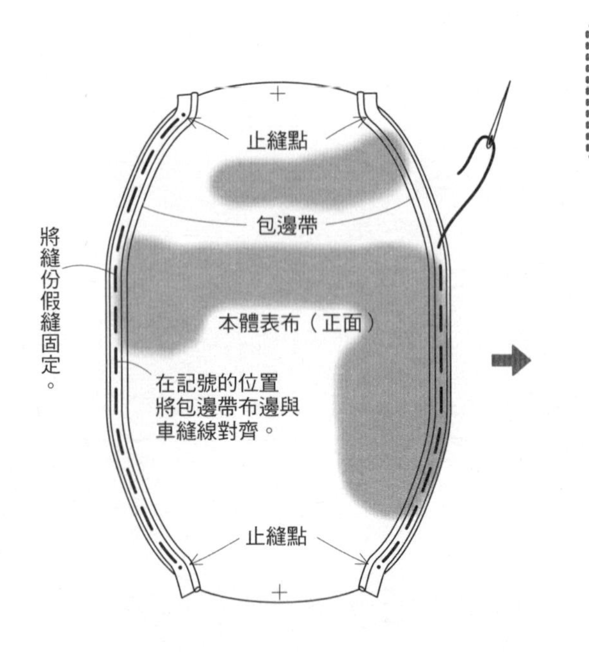

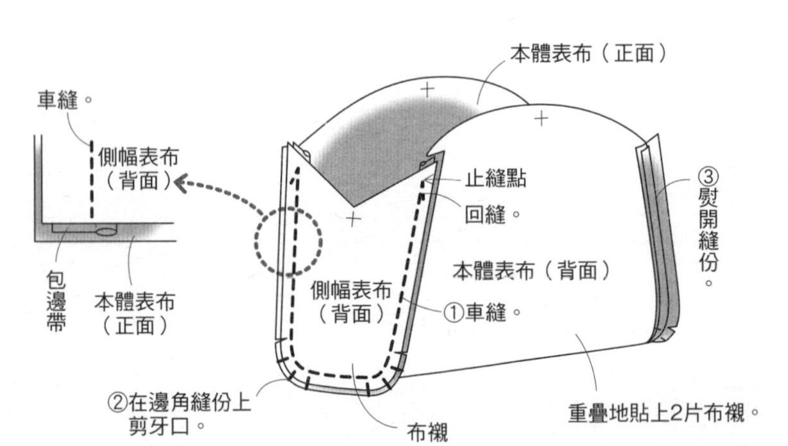

③ 縫合袋口。

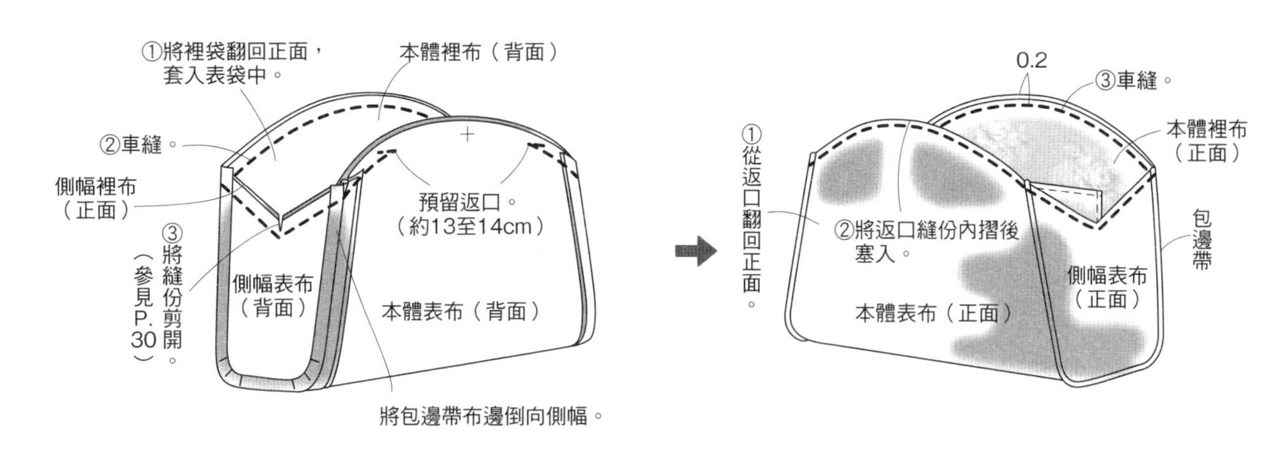

④ 縫製提把＆布耳後，與本體縫合（參見P.40）。

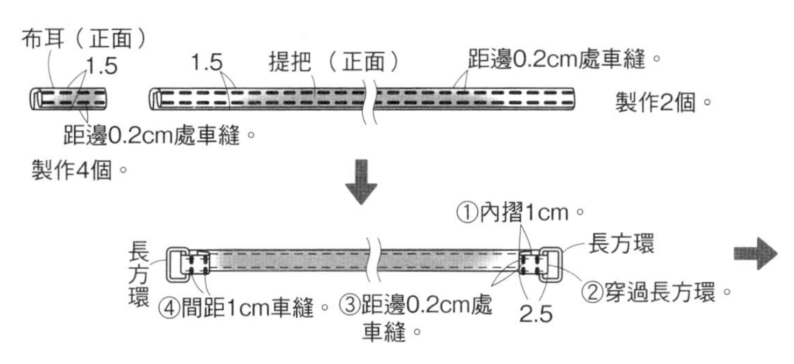

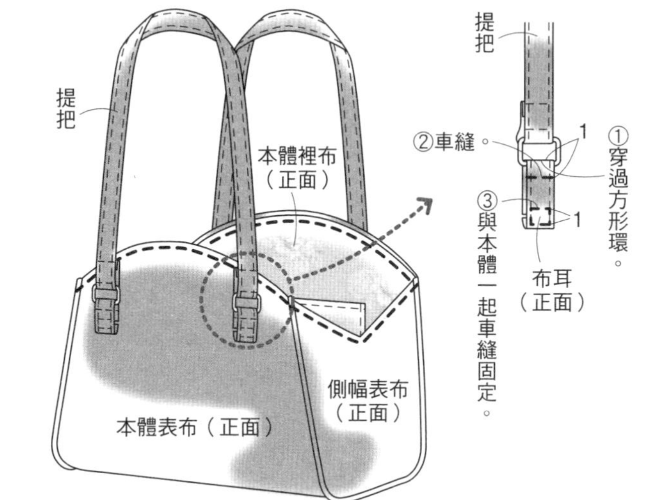

⑤ 裝接口金框（參見P.31＆P.32）。

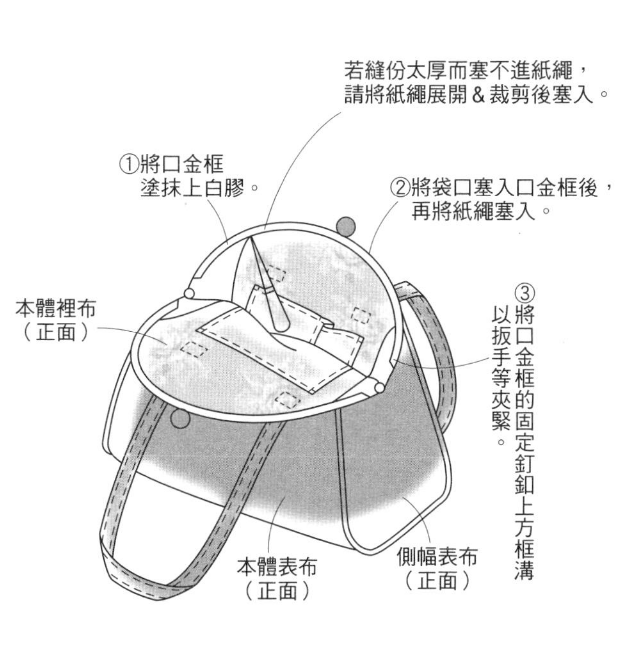

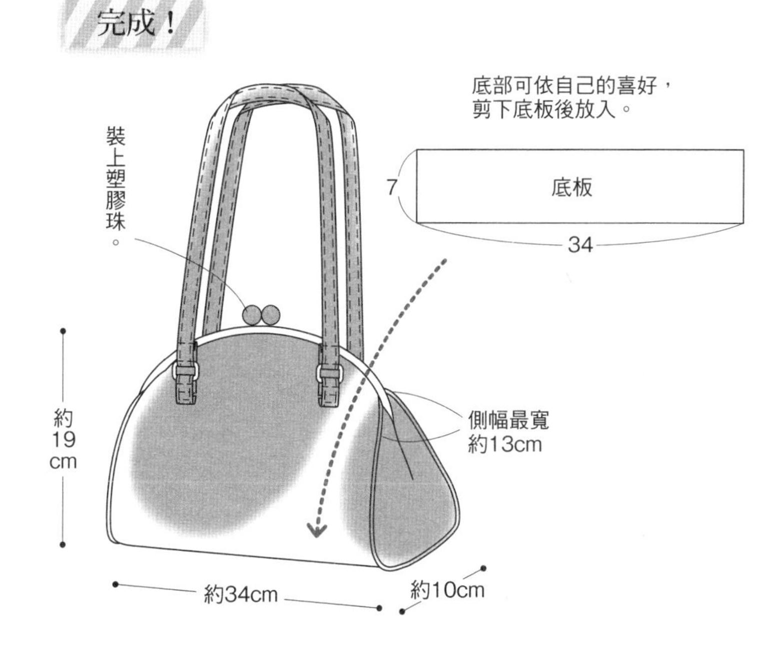

14

14 材料

表布（棉麻帆布）50cm 寬 60cm
裡布（被單布）60cm 寬 60cm
棉襯（KSP-120M）50cm 寬 60cm
布襯（FV-7）50cm 寬 60cm
口金框（寬約 21.5cm 高約 9cm・INAZUMA ／ BK-2174-AG）1 個
提把（寬 10mm 皮革提把・INAZUMA.BM-4030A- #4 杏色）2 條

原寸紙型 A 面
紙型 **14**

●紙型部件
本体・內口袋・布耳

開始製作之前

・在本體表布的背面燙貼棉襯。
・在布耳＆本體裡布的背面燙貼布襯。

作法

1 縫製內口袋＆接縫於本體裡布上。

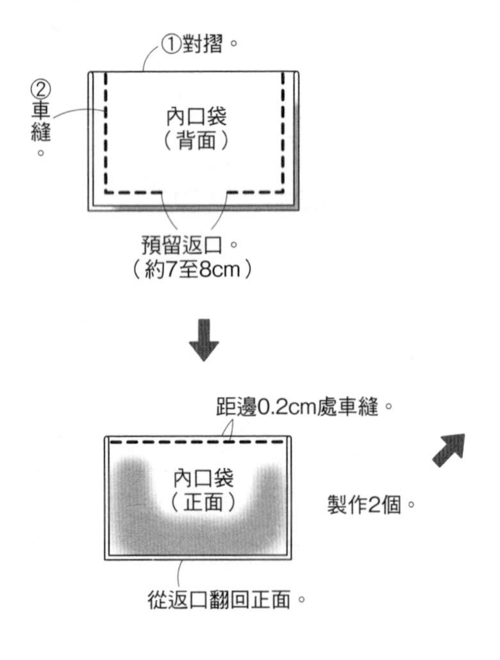

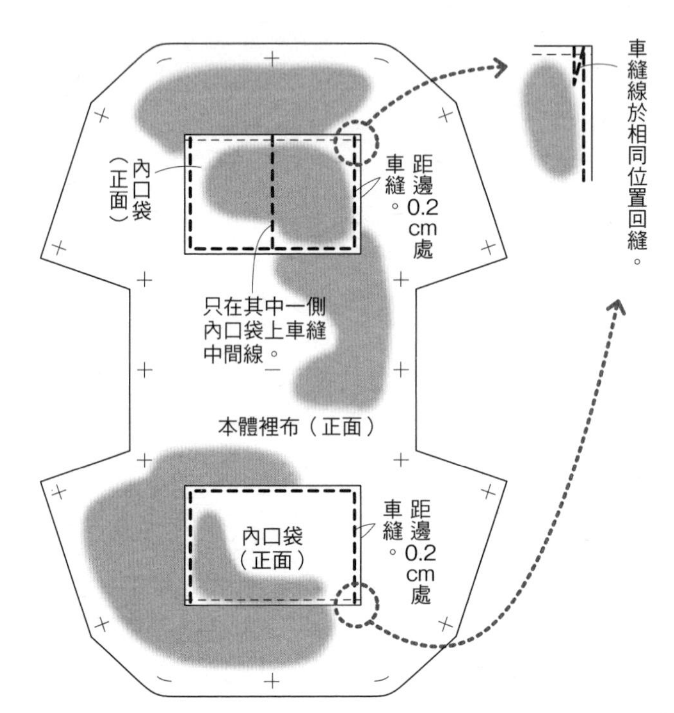

2 縫合脇邊線＆側幅。

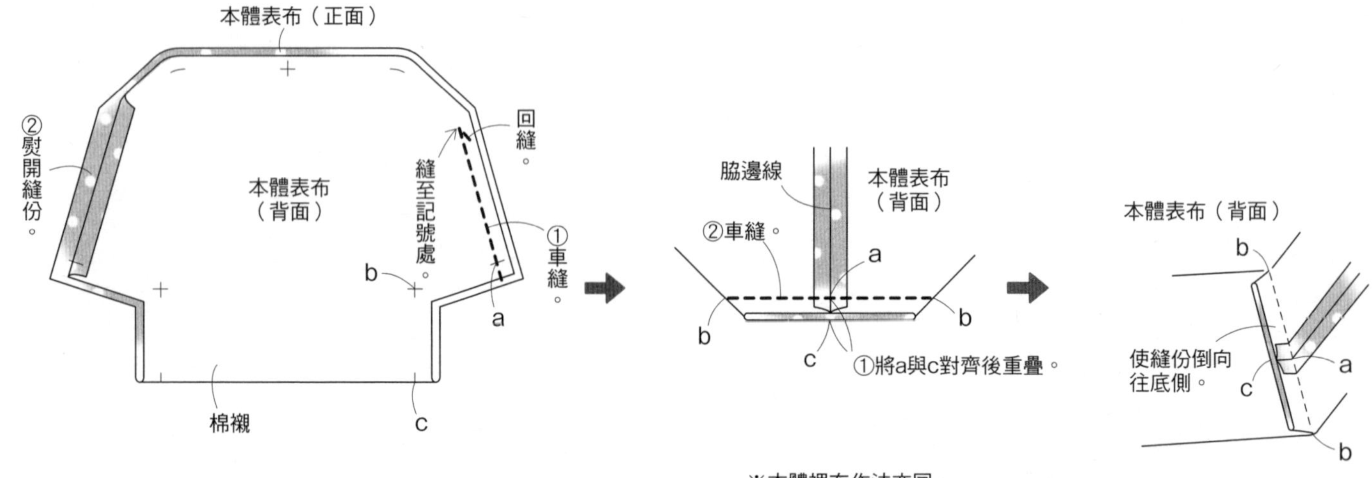

※本體裡布作法亦同。

③ 縫合袋口。

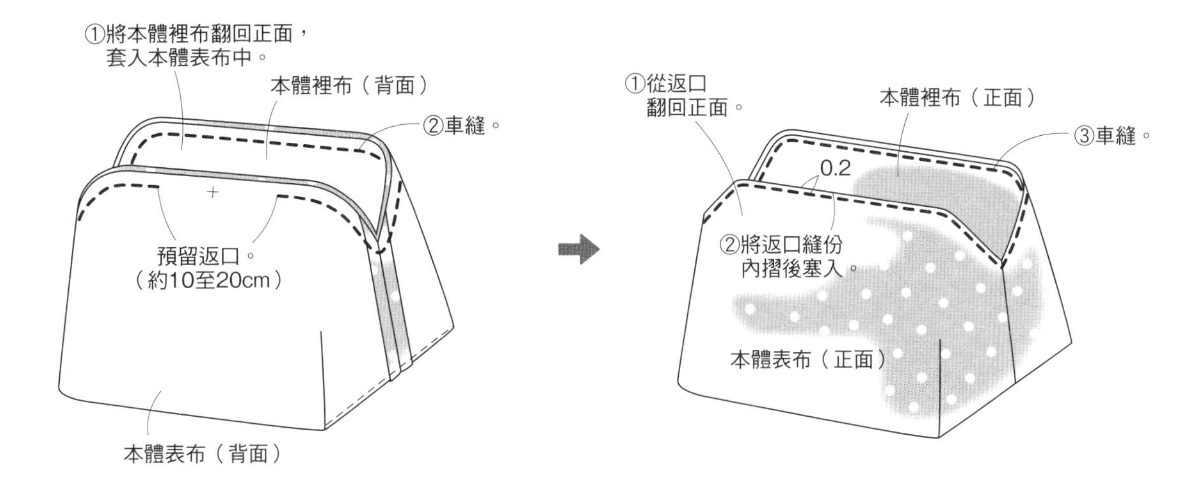

④ 縫製布耳＆連接上提把。

⑤ 裝接口金框。
（參見P.31＆P.32）

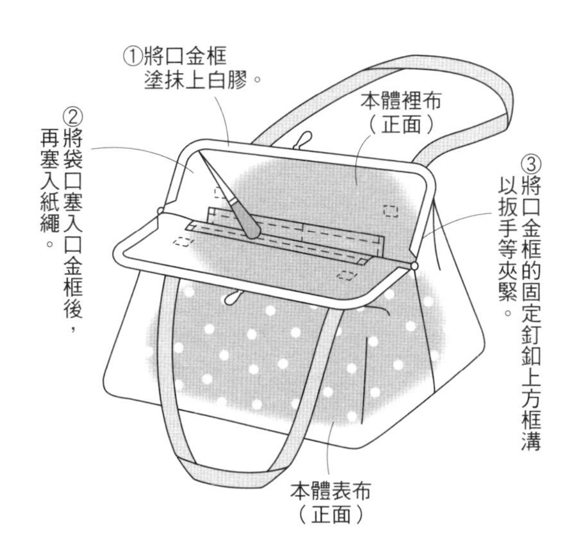

完成！

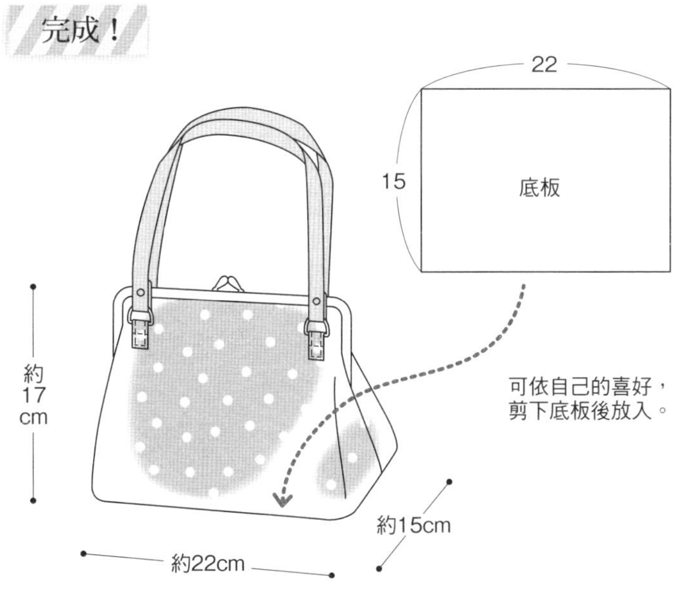

15 材料

表布A（棉麻蕾絲布）110cm 寬 30cm
表布B（棉麻帆布）15cm 寬 60cm
裡布（棉布）110cm 寬 60cm
棉襯（KSP-120M）15cm 寬 60cm
布襯（FV-7）110cm 寬 60cm
口金框（寬約22cm 高約11cm・INAZUMA／BK-2273-AG）1個
D環（14mm AG）4個
提把（寬10mm 皮革提把・INAZUMA.BM-3825A- #2 紅色）2條

原寸紙型 **B** 面
紙型 **15**

●紙型部件
本體・側幅・內口袋A・內口袋B
布耳

開始製作之前

・在本體表布的背面燙貼上2片布襯。（一片接著一片燙貼）
・在側幅表布的背面燙貼棉襯。
・在本體裡布・側幅裡布・布耳的背面燙貼布襯。

作法

1 縫製褶襉。

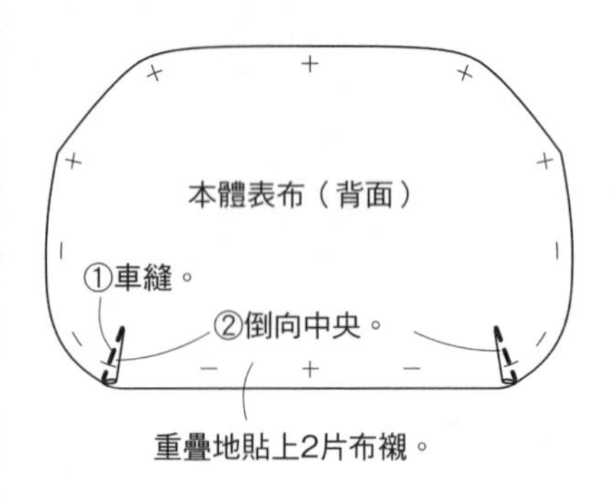

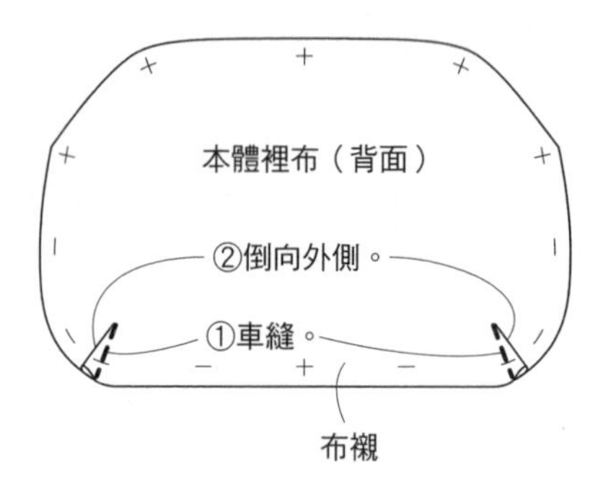

2 縫製內口袋A・B&接縫於本體裡布上。（參見P.29&P.30）

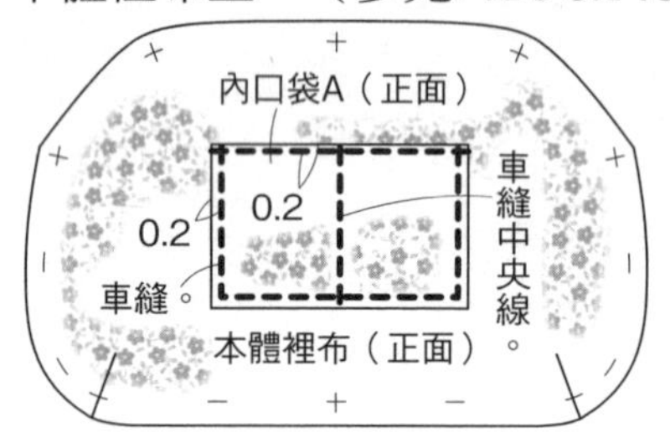

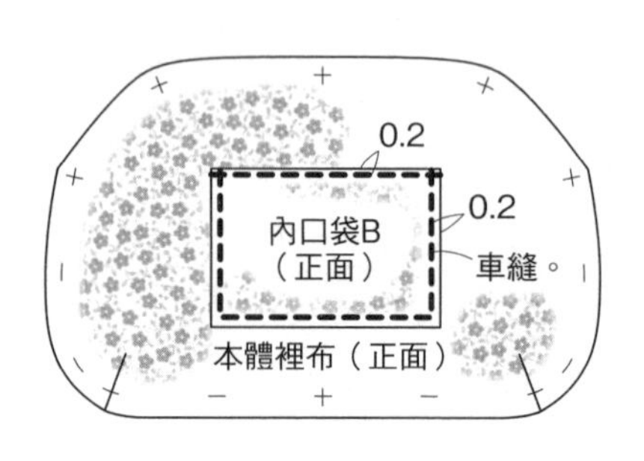

3 作出抽皺。

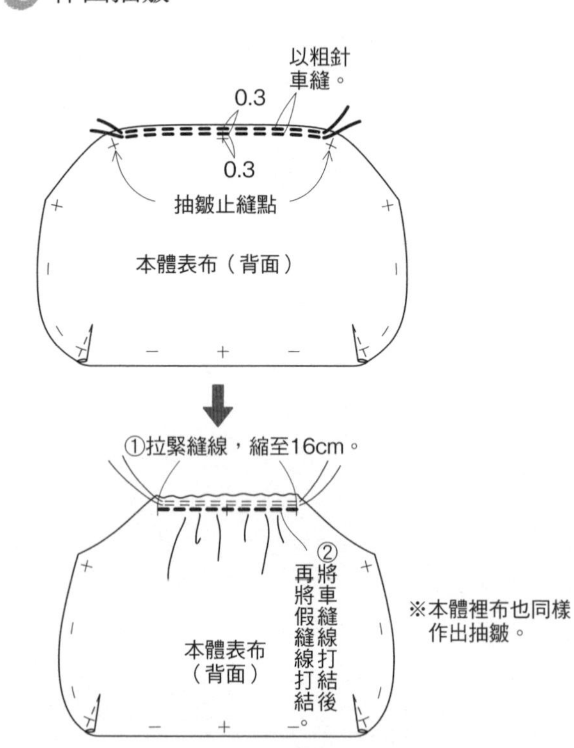

※本體裡布也同樣作出抽皺。

4 縫合本體&側幅，製作袋身。

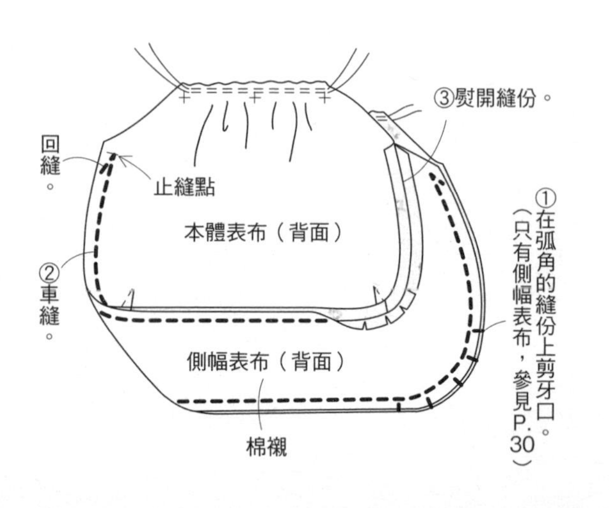

※以相同縫法縫合本體裡布&側幅裡布，製作裡袋。

5 縫合袋口。

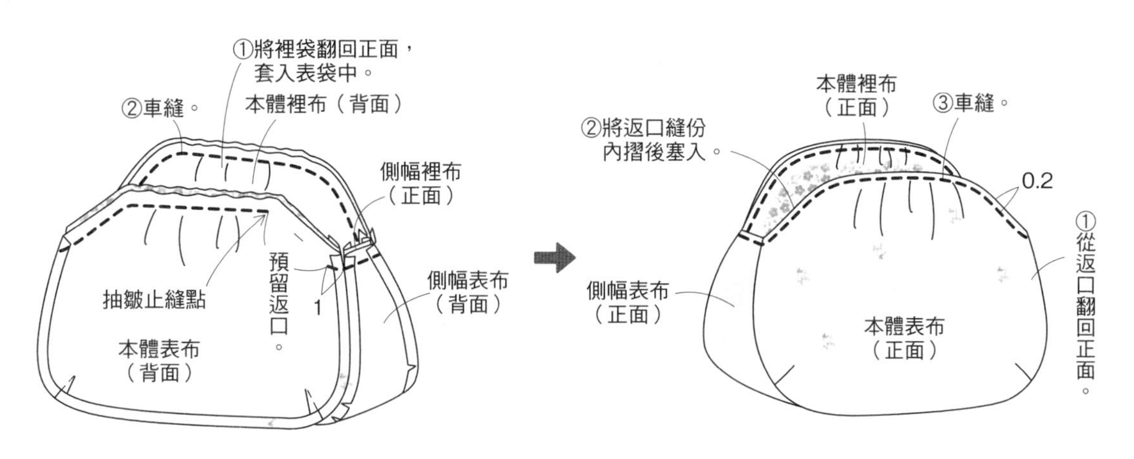

6 縫製布耳＆接縫於本體上。

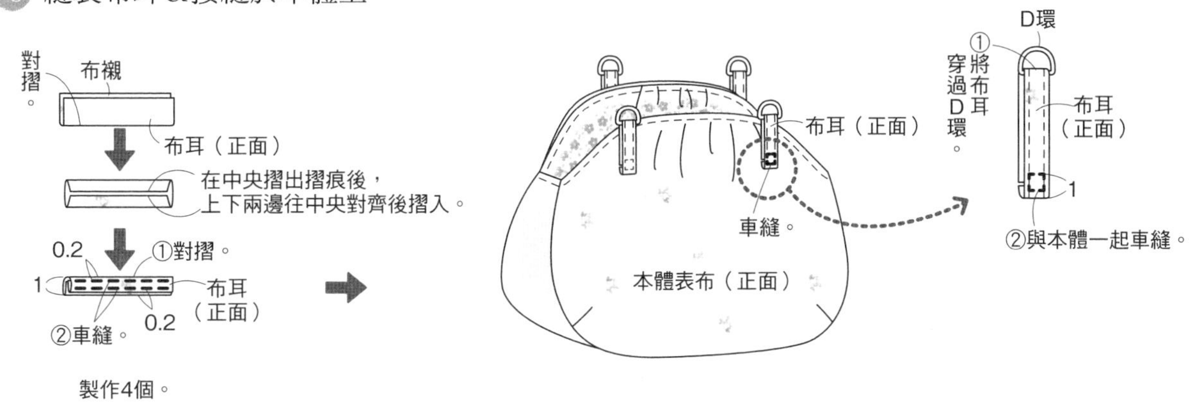

7 裝接口金框。
（參見P.31＆P.32）

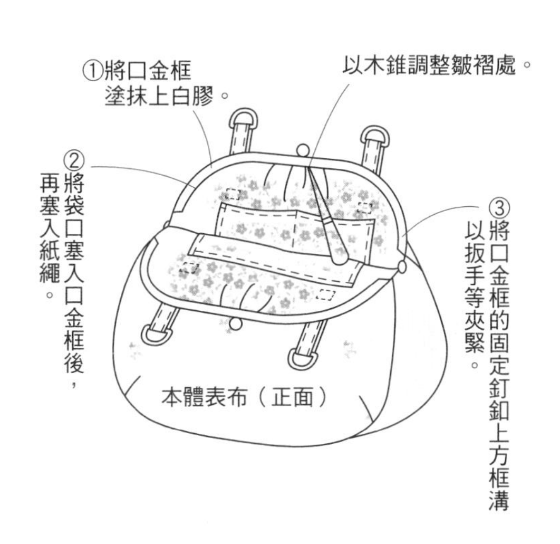

完成！

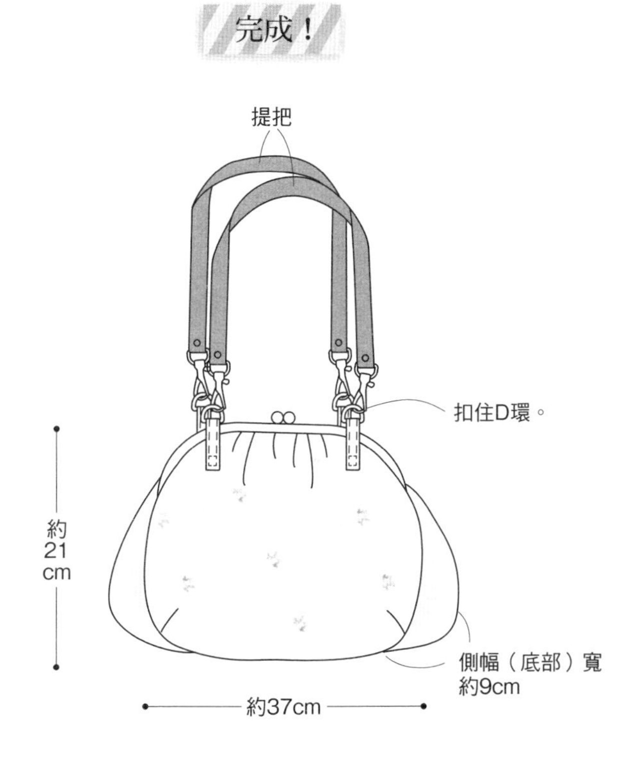

16

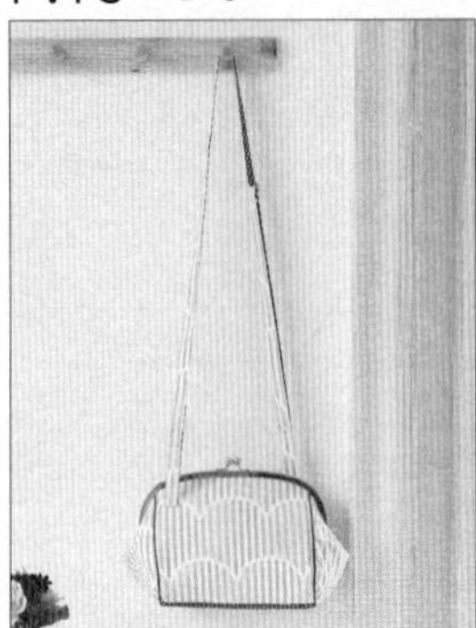

16 材料

表布A（牛津布）40cm 寬 1m30cm
表布B（絨布）40cm 寬 1m30cm
棉襯（KSP-120M）30cm 寬 50cm
布襯（FV-7）50cm 寬 25cm
包邊帶（2mm 寬）1m
口金框（寬約24cm 高約9cm・角田／F41／24cm附勾環口金框 -N）1個
紙繩　90cm
長方環（15mm・S）2個
日型環（15mm・S）1個

原寸紙型 **B** 面
紙型 **16**

●紙型部件
本體・側幅・底布・內口袋
肩背帶・布耳

開始製作之前

・在本體表布的背面燙貼棉襯。
・在底布・本體裡布・側幅表布・側幅裡布
肩背帶表布・肩背帶裡布・布耳表布
布耳裡布的背面燙貼布襯。

作法

1 縫製內口袋&接縫於本體裡布上。

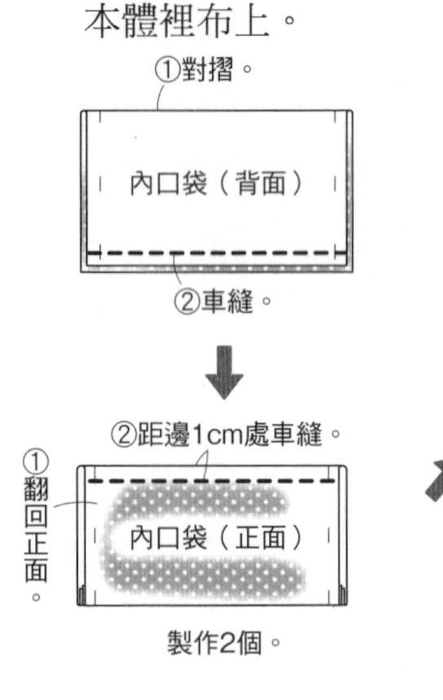

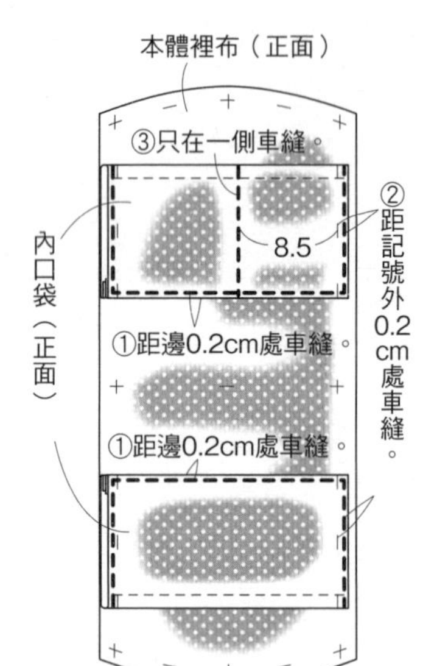

2 連接上底布。

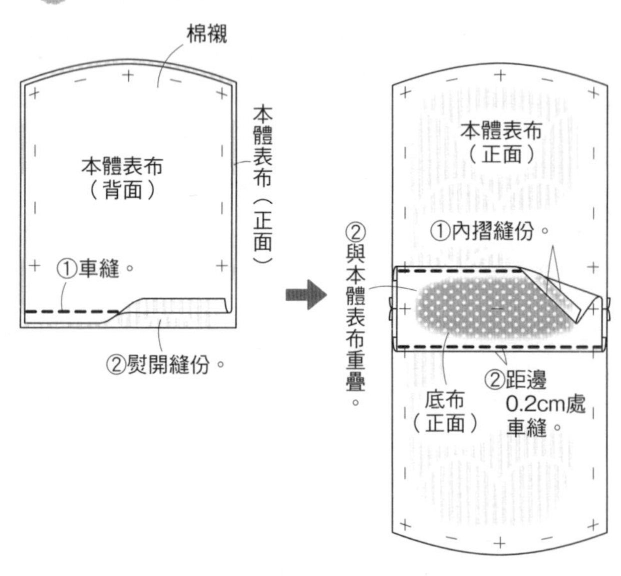

3 縫製布耳&肩背帶。

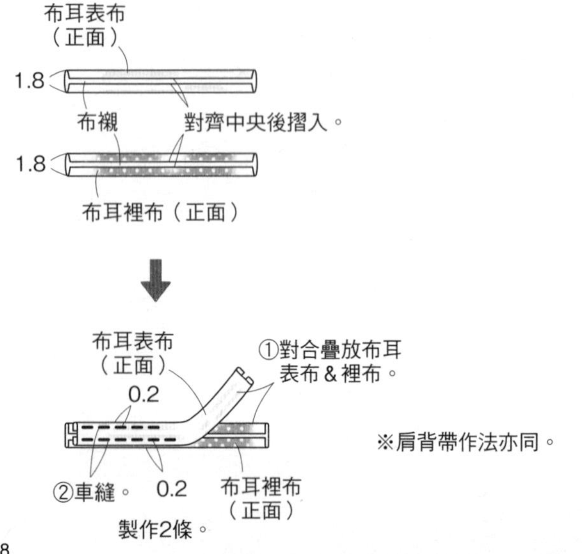

※肩背帶作法亦同。

4 將肩背帶穿過日型環&長方環。

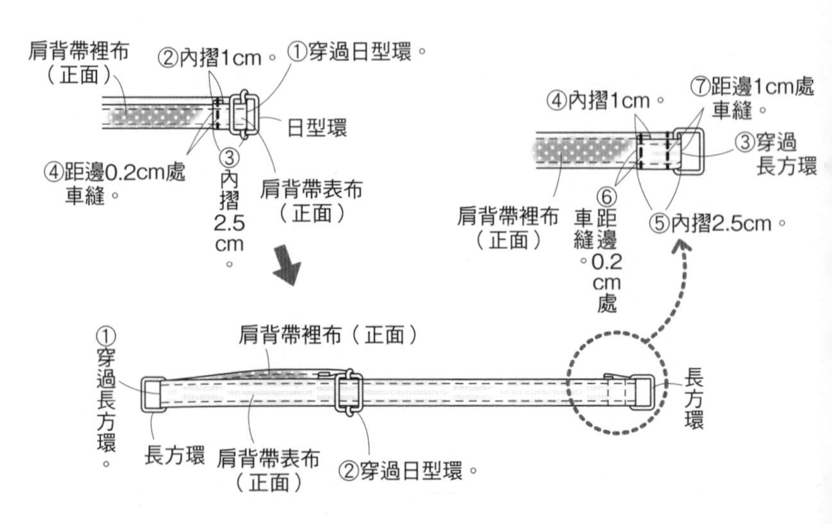

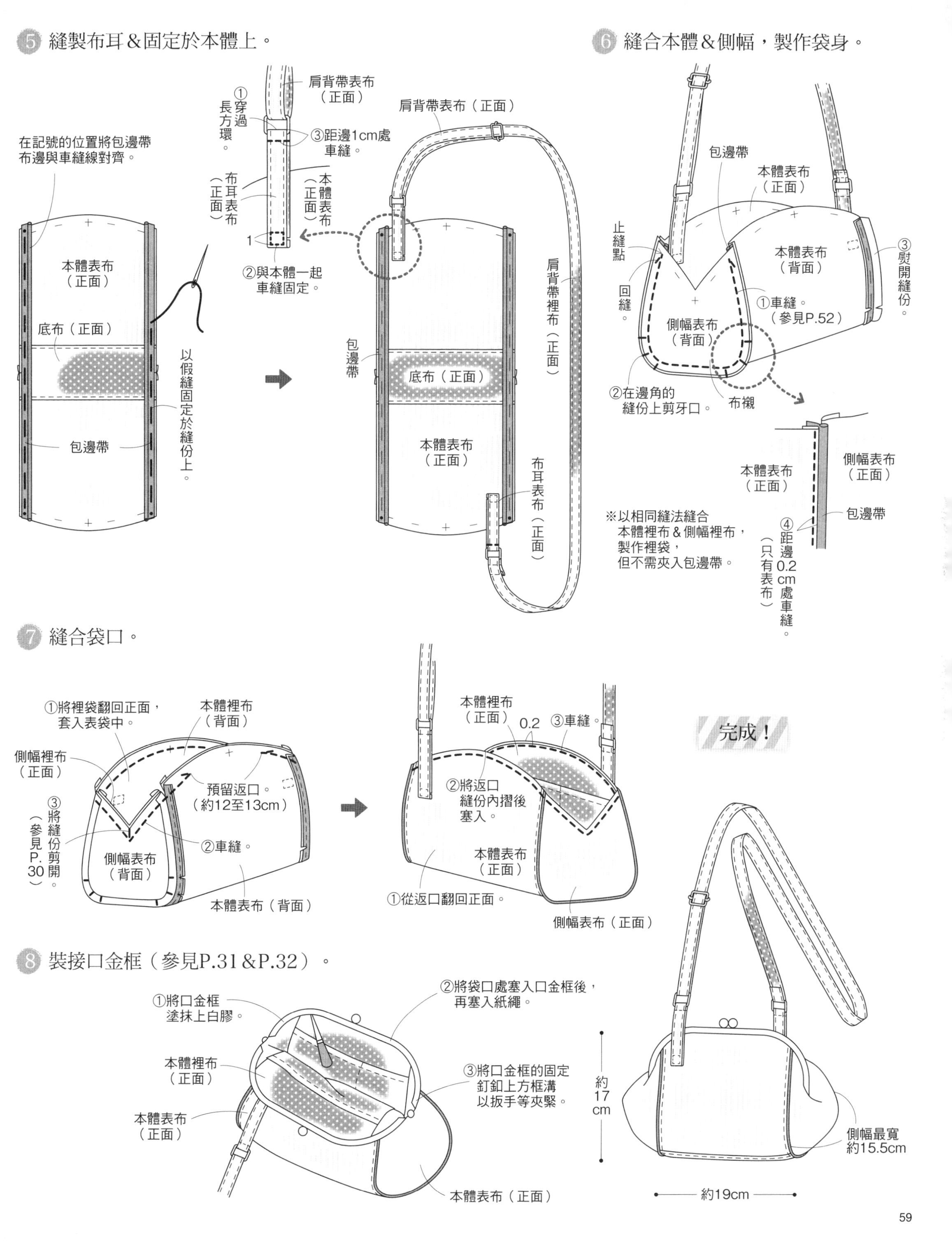
5 縫製布耳&固定於本體上。
①穿過長方環。
肩背帶表布（正面）
③距邊1cm處車縫。
布耳表布（正面）
本體表布（正面）
1
②與本體一起車縫固定。
在記號的位置將包邊帶布邊與車縫線對齊。
本體表布（正面）
底布（正面）
以假縫固定於縫份上。
包邊帶
肩背帶表布（正面）
肩背帶裡布（正面）
包邊帶
底布（正面）
本體表布（正面）
布耳表布（正面）
6 縫合本體&側幅，製作袋身。
包邊帶
本體表布（正面）
止縫點
本體表布（背面）
③熨開縫份。
回縫。
①車縫。（參見P.52）
側幅表布（背面）
②在邊角的縫份上剪牙口。
布襯
本體表布（正面）
側幅表布（正面）
包邊帶
④距邊0.2cm處車縫。（只有表布）
※以相同縫法縫合本體裡布&側幅裡布，製作裡袋，但不需夾入包邊帶。
7 縫合袋口。
①將裡袋翻回正面，套入表袋中。
本體裡布（背面）
側幅裡布（正面）
預留返口。（約12至13cm）
③將縫份剪開。（參見P.30）
②車縫。
側幅表布（背面）
本體表布（背面）
本體裡布（正面）
0.2
③車縫。
②將返口縫份內摺後塞入。
本體表布（正面）
①從返口翻回正面。
側幅表布（正面）
完成！
8 裝接口金框（參見P.31&P.32）。
①將口金框塗抹上白膠。
②將袋口處塞入口金框後，再塞入紙繩。
本體裡布（正面）
③將口金框的固定釘釦上方框溝以扳手等夾緊。
本體表布（正面）
本體表布（正面）
約17cm
側幅最寬約15.5cm
約19cm

18 材料

表布A（11號帆布）110cm 寬 90cm
表布B（11號帆布）50cm 寬 40cm
裡布（水洗先染布）110cm 寬 1m
布襯（FV-7）110cm 寬 90cm
滾邊織帶　25mm 寬 1m60cm
口金框（寬約27cm 高約9cm・角田／27cm無勾環口金框 -N）1個
紙繩　90cm

原寸紙型 **A** 面
紙型 **18**

●紙型部件
本體・底布・外口袋・內口袋A
內口袋B

作法

● 開始製作之前

・在本體表布＆本體裡布的背面燙貼布襯。

1 縫製內口袋A・B＆接縫固定於本體裡布上。

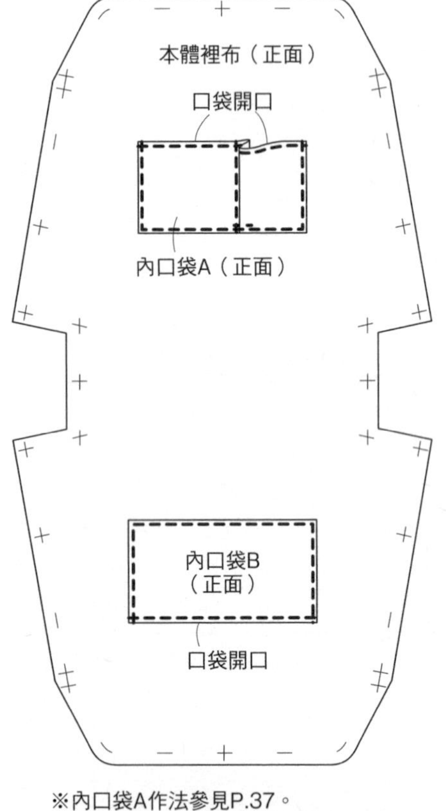

※內口袋A作法參見P.37。
內口袋B作法參見P.29&P.30。

2 縫製外口袋後，接縫上織帶＆底布。

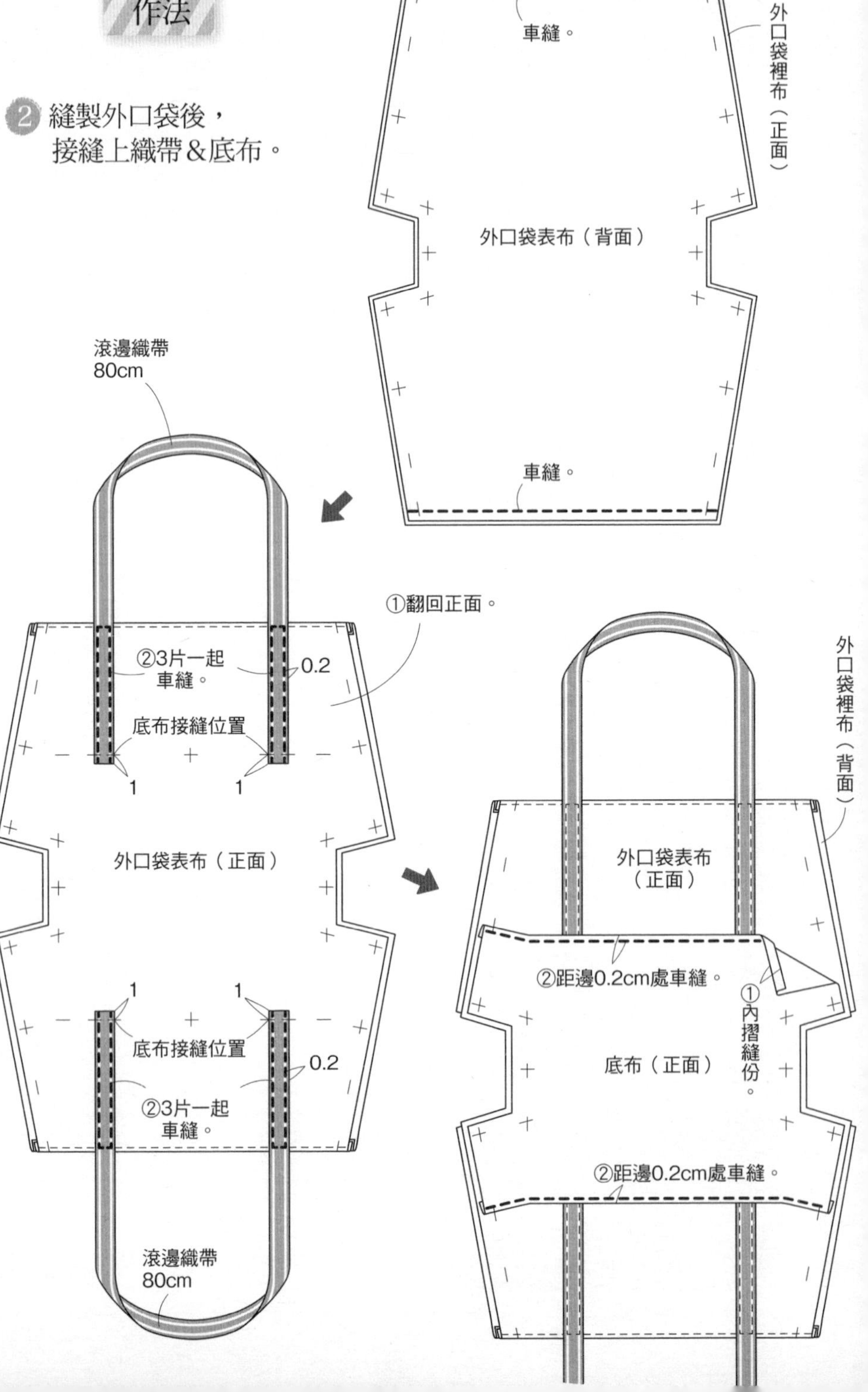

3 縫合脇邊線&側幅。

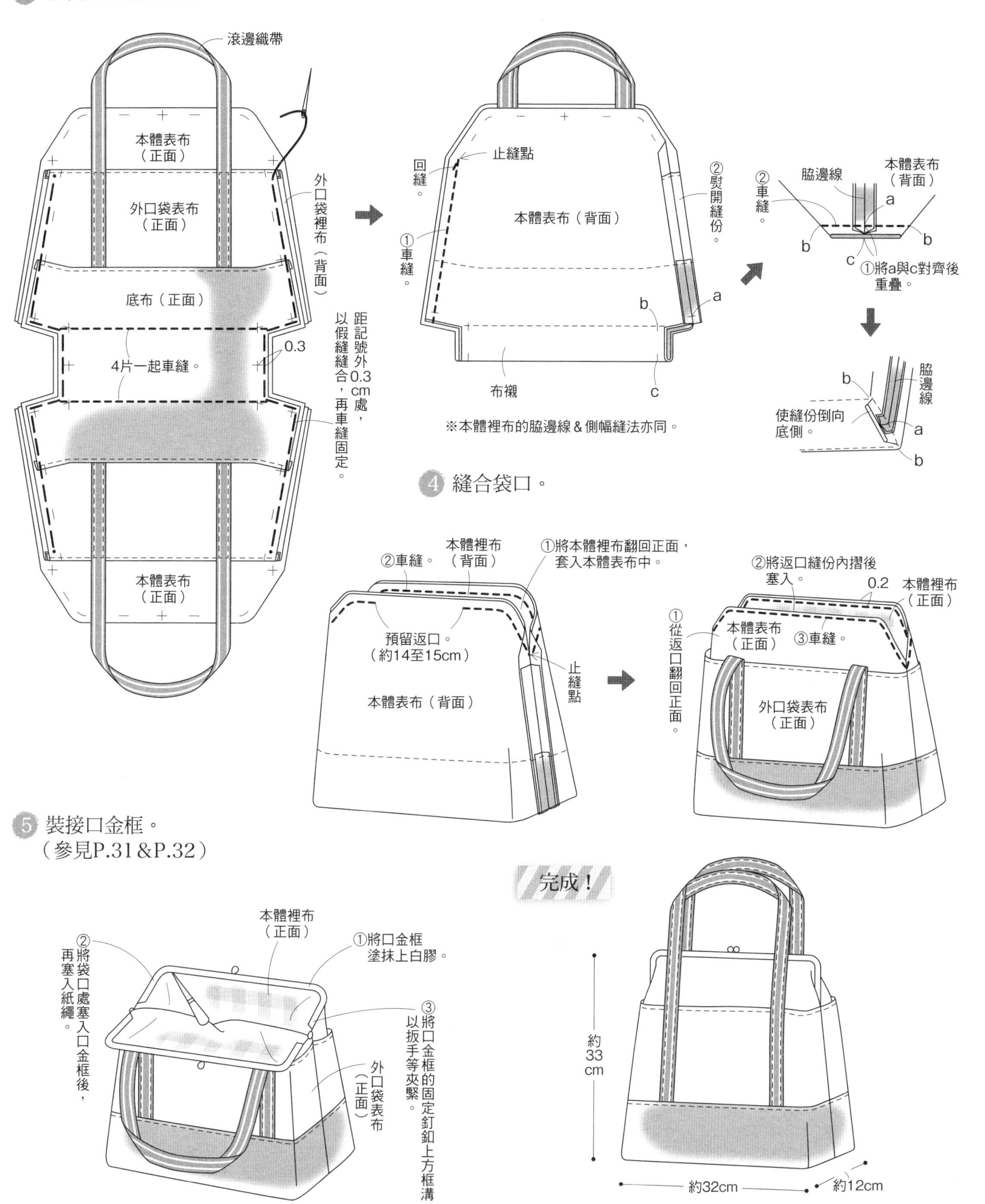

滾邊織帶
本體表布（正面）
外口袋表布（正面）
外口袋裡布（背面）
底布（正面）
4片一起車縫。
0.3
距記號外0.3cm處，以假縫縫合，再車縫固定。
本體表布（正面）
止縫點
回縫。
①車縫。
本體表布（背面）
②熨開縫份。
b
a
布襯
c
※本體裡布的脇邊線＆側幅縫法亦同。
②車縫。
脇邊線
本體表布（背面）
a
b
b
c
①將a與c對齊後重疊。
b
脇邊線
使縫份倒向底側。
a
b
4 縫合袋口。
②車縫。
本體裡布（背面）
①將本體裡布翻回正面，套入本體表布中。
預留返口。（約14至15cm）
止縫點
本體表布（背面）
①從返口翻回正面。
②將返口縫份內摺後塞入。
0.2
本體裡布（正面）
本體表布（正面）
③車縫。
外口袋表布（正面）
5 裝接口金框。（參見P.31&P.32）
完成！
本體裡布（正面）
①將口金框塗抹上白膠。
②將袋口處塞入口金框後，再塞入紙繩。
③將口金框的固定釘釦上方框溝以扳手等夾緊。
外口袋表布（正面）
約33cm
約32cm
約12cm

17 材料
表布（棉麻粗棉格子布）70cm 寬 1m50cm
裡布（水洗先染布）110cm 寬 1m
布襯（FV-7）110cm 寬 1m50cm
口金框（寬約27cm 高約9cm・角田／27cm無勾環口金框 -N）1個
紙繩　90cm

原寸紙型 A 面
紙型 17

●紙型部件
本體・外口袋・內口袋A
內口袋B・提把

開始製作之前
・在本體表布・本體裡布・提把的背面燙貼布襯。

作法

1 縫製內口袋A・B＆接縫於本體裡布上（參見P.60）。

2 縫製提把。

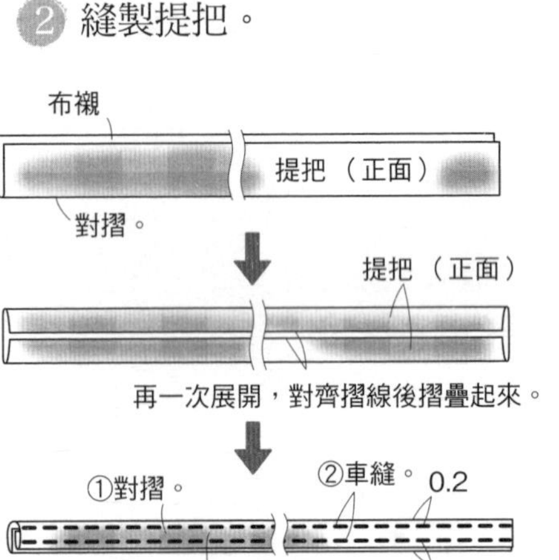

3 縫製外口袋＆接縫於本體表布上。

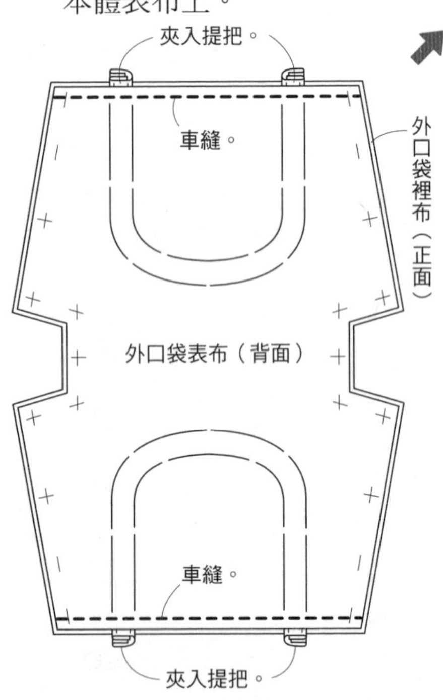

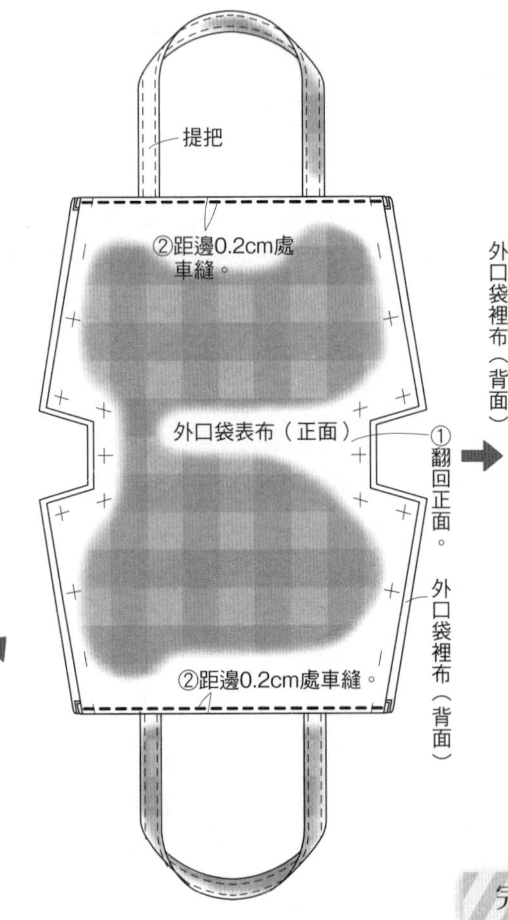

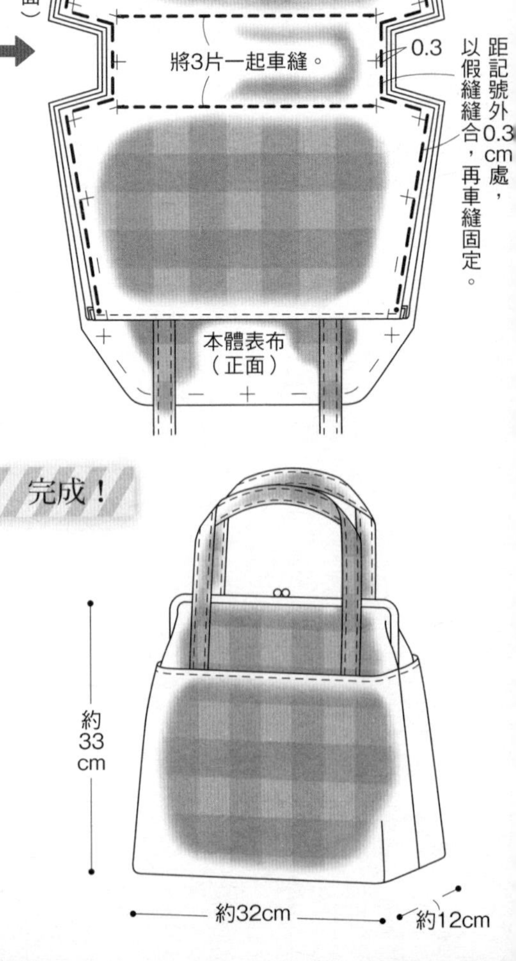

4 縫合脇邊線＆側幅。（參見P.61）

5 縫合袋口（參見P.61）。

6 裝接口金框。（參見P.31＆P.32）

23 材料

表布（10號牛津布）110cm寬 90cm
裡布（印花被單布）110cm寬 1m
棉襯（KSP-120M）100cm寬 70cm
布襯（FV-7）122cm寬 1m
包邊帶（寬2mm）1m90cm
口金框（寬約39cm 高約15.5cm・INAZUMA／BK-3830-AG-#112 蘋果綠）1個
提把（寬3cm 合成皮提把・INAZUMA／YAK-730-#4 杏色）2條
肩背帶（寬3cm 織帶提把・INAZUMA／YAT-1430-#4 杏色）1組
皮釦（約6cm×2.4cm 票卡夾釦環・INAZUMA／BA-2A-#4 杏色）1組
手縫繡線（MOCO）原色

原寸紙型**B**面
紙型**23**

●紙型部件
本體・側幅・外口袋・內口袋

開始製作之前

・在本體表布・側幅表布的背面燙貼棉襯。
・在本體裡布・側幅裡布・外口袋表布的背面燙貼布襯。

作法

接下頁P.64

1 縫製內口袋後&接縫於本體裡布上。

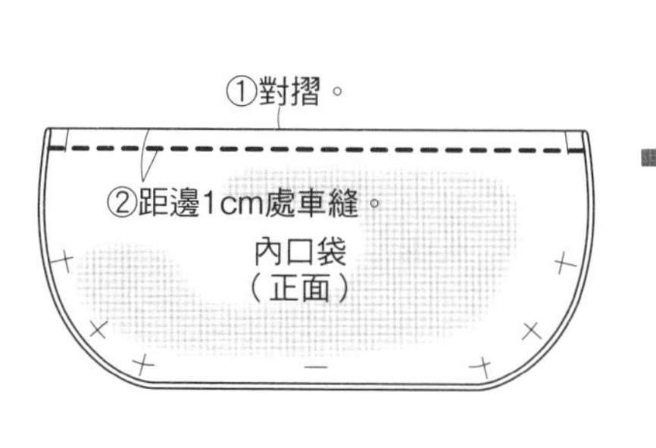

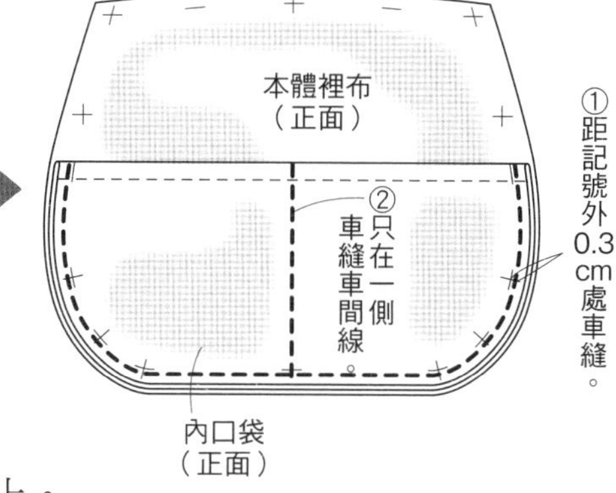

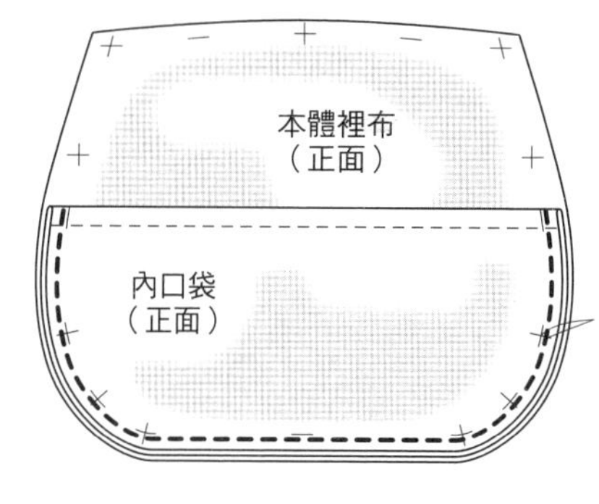

2 縫製外口袋&接縫於本體表布上。

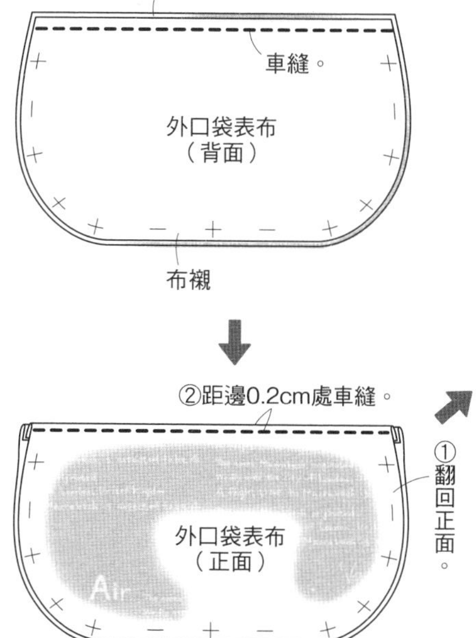

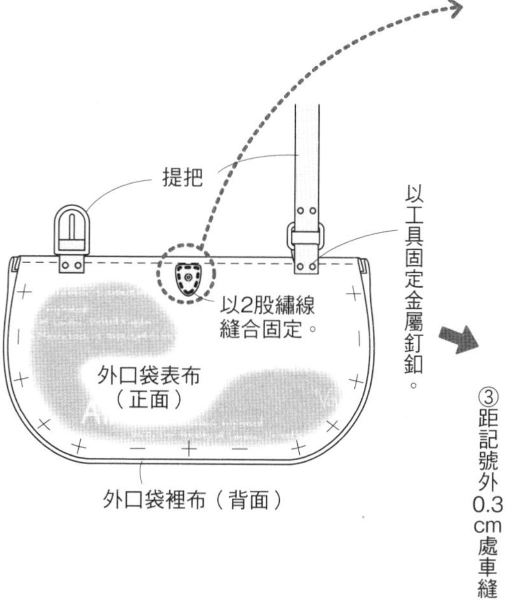

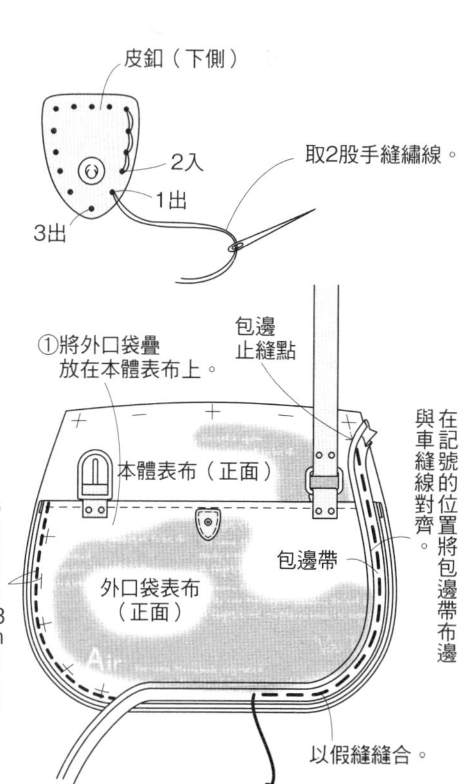

③ 縫製側幅表布。

①車縫。

側幅表布（背面）

側幅表布（背面）

②熨開縫份。

0.3

③將縫份剪開。（參見P.30）

棉襯

距邊0.5cm處車縫。

側幅表布（背面）

側幅表布（背面）

④ 縫合本體&側幅，製作袋身。

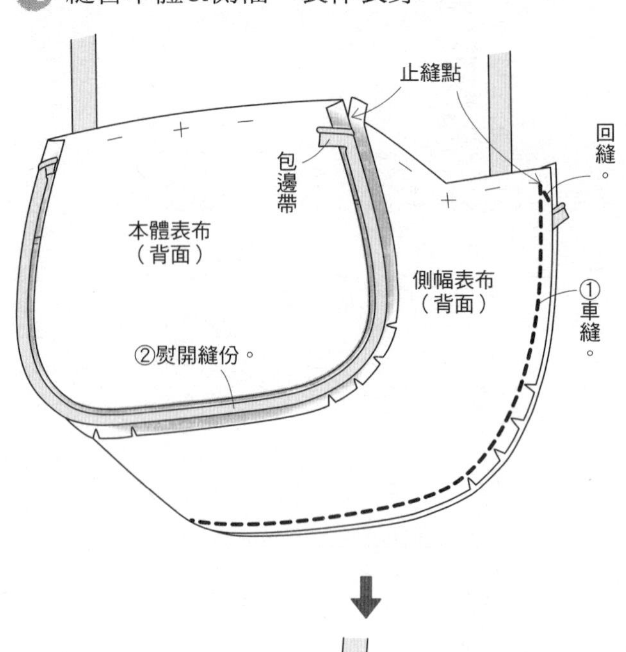

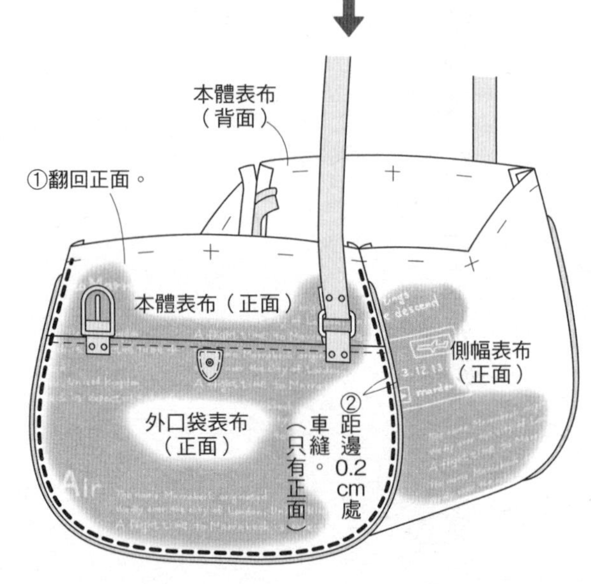

※以相同縫法縫合本體裡布&側幅裡布，製作裡袋，但不需夾入包邊帶。

⑤ 縫合袋口。

以細車針緊縫反摺的表布，再將棉襯剪下。

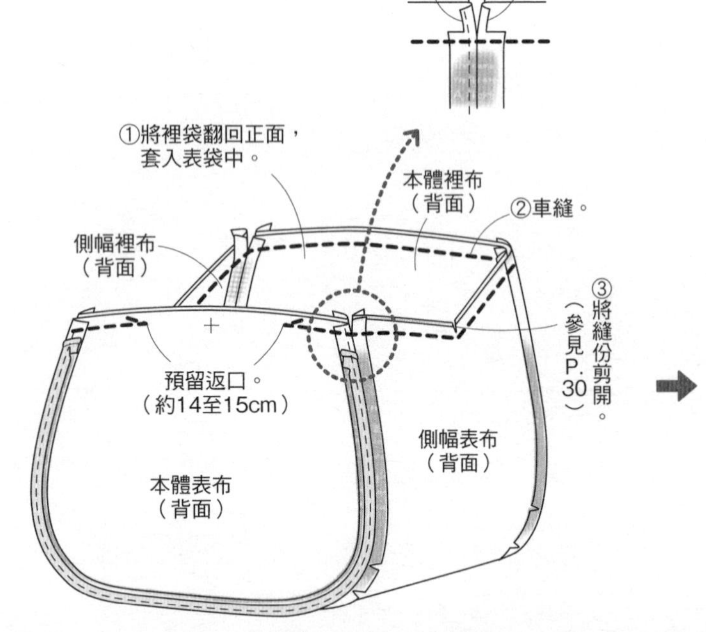

本體裡布（正面）

0.3

①從返口翻回正面。

②將返口的縫份內摺後塞入。

③車縫。

本體表布（正面）

側幅表布（正面）

④以2股繡線縫合固定皮釦。

外口袋表布（正面）

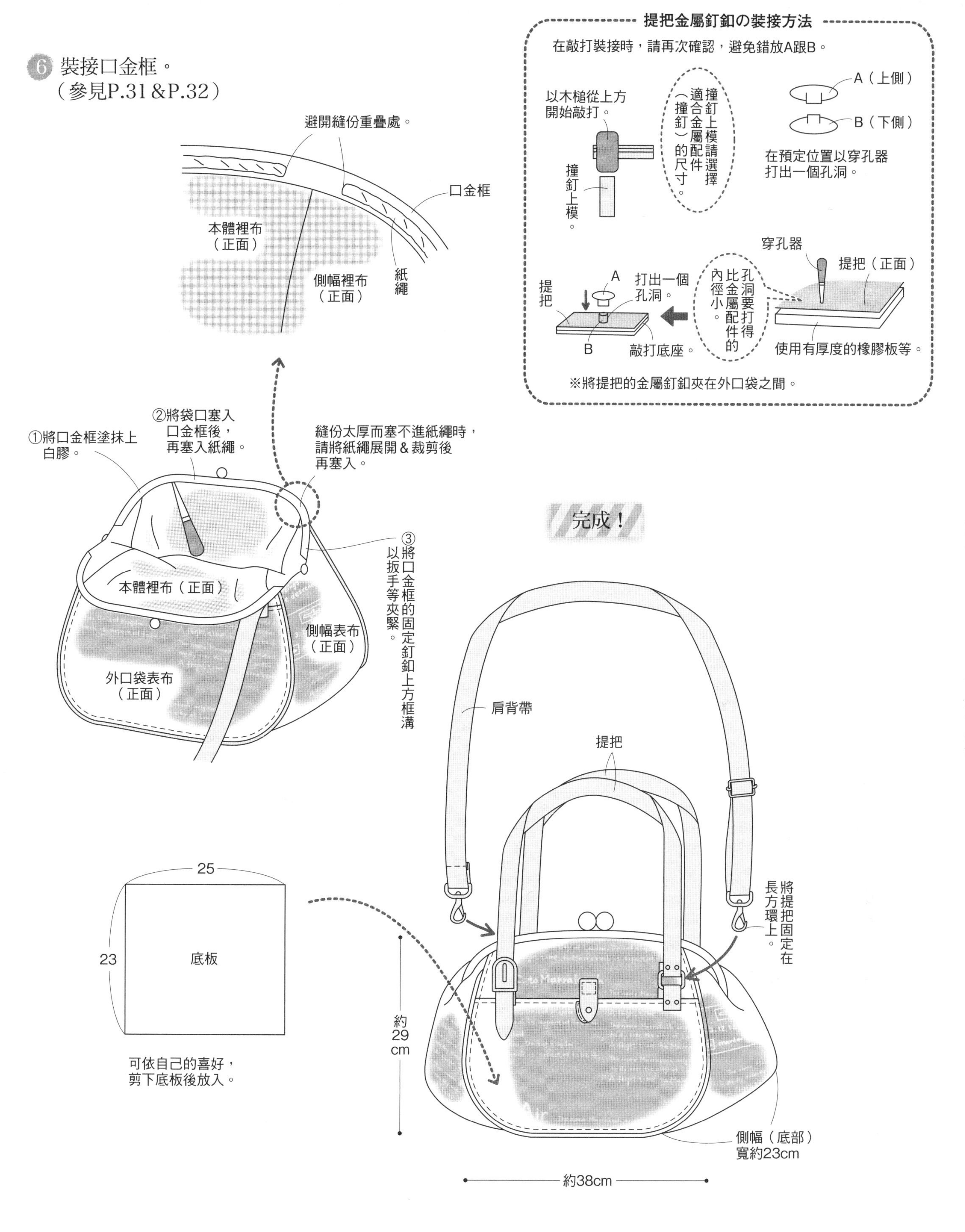

6 裝接口金框。
（參見P.31＆P.32）
提把金屬釘釦の裝接方法
在敲打裝接時，請再次確認，避免錯放A跟B。
以木槌從上方開始敲打。
撞釘上模請選擇適合金屬配件（撞釘）的尺寸。
撞釘上模。
A（上側）
B（下側）
在預定位置以穿孔器打出一個孔洞。
穿孔器
提把（正面）
孔洞要打得比金屬配件的內徑小。
提把
A
打出一個孔洞。
B
敲打底座。
使用有厚度的橡膠板等。
※將提把的金屬釘釦夾在外口袋之間。
避開縫份重疊處。
口金框
本體裡布（正面）
側幅裡布（正面）
紙繩
①將口金框塗抹上白膠。
②將袋口塞入口金框後，再塞入紙繩。
縫份太厚而塞不進紙繩時，請將紙繩展開＆裁剪後再塞入。
③將口金框的固定釘釦上方框溝以扳手等夾緊。
本體裡布（正面）
側幅表布（正面）
外口袋表布（正面）
完成！
肩背帶
提把
將提把固定在長方環上。
25
23
底板
可依自己的喜好，剪下底板後放入。
約29cm
側幅（底部）寬約23cm
約38cm

P.18 19

19 材料

表布（斜紋印花布）75cm 寬 70cm
裡布（新牛津布）55cm 寬 70cm
棉襯（KSP-120M）50cm 寬 50cm
布襯（FV-7）65cm 寬 70cm
口金框（寬約27cm 高約9cm・角田／27cm無勾環口金框 -N）1個
紙繩　90cm
長方環（15mm・S）4個

原寸紙型 **B** 面
紙型 **19**

●紙型部件
本體・底布・外口袋・內口袋A
內口袋B・提把・布耳

開始製作之前

・在本體表布的背面燙貼棉襯。
・在底布・本體裡布・提把・布耳的背面燙貼布襯。

作法

1 縫製內口袋A・B&接縫於本體裡布上。

本體裡布（正面）
內口袋A（正面）
內口袋B（正面）

※內口袋A的作法參見P.37。
內口袋B的作法參見P.29&P.30。

2 縫製外口袋&接縫於本體表布上。

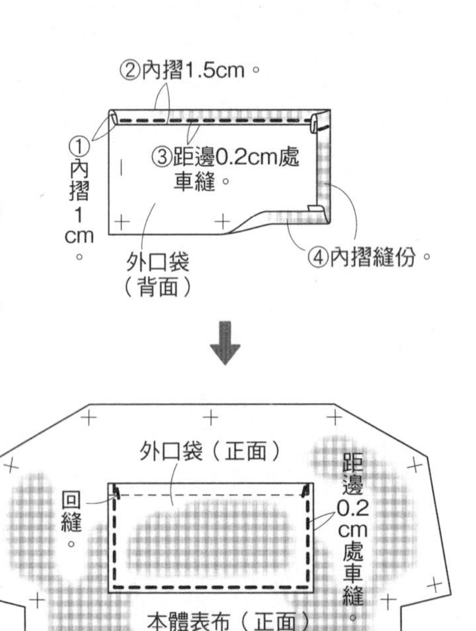

3 縫上底布。

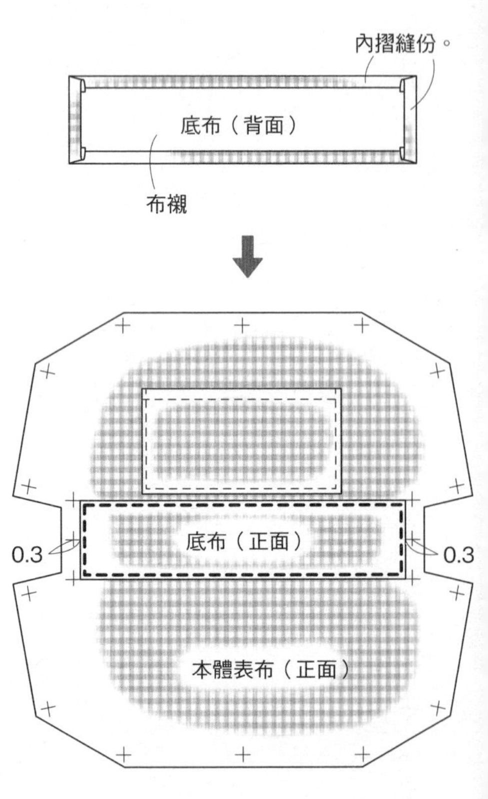

4 縫合脇邊線&側幅。

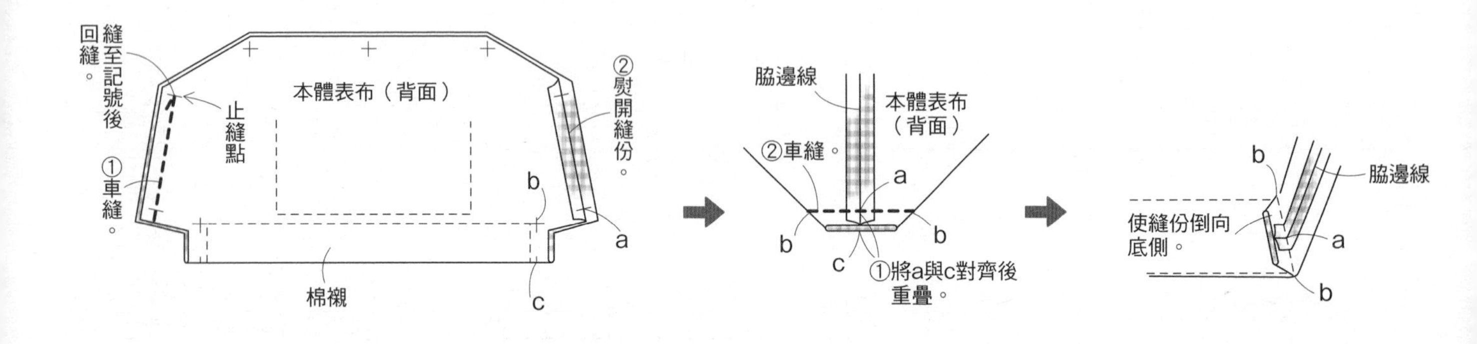

⑤ 縫合袋口。

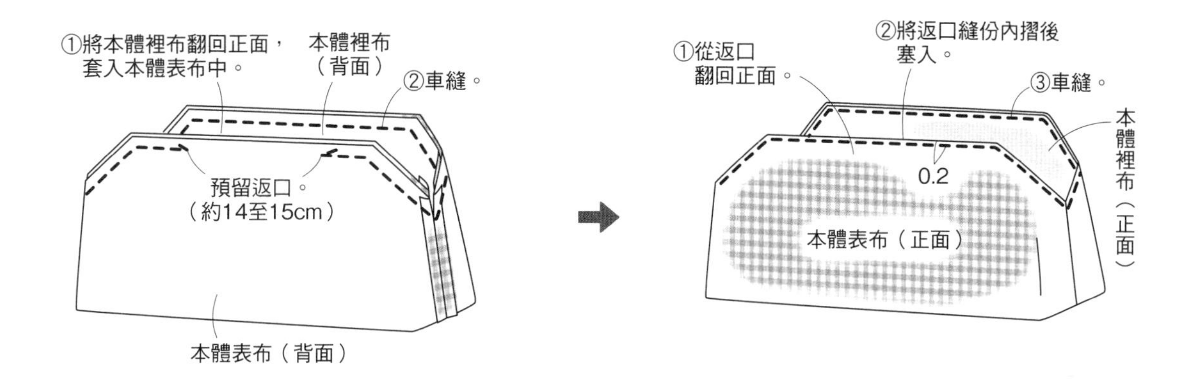

⑥ 縫製布耳・提把＆接縫於本體上。（參見P.50）

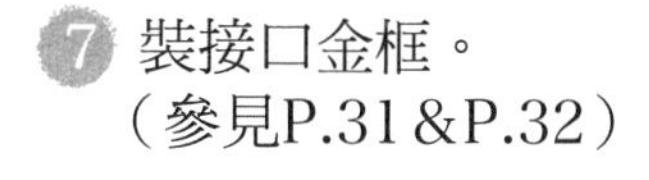

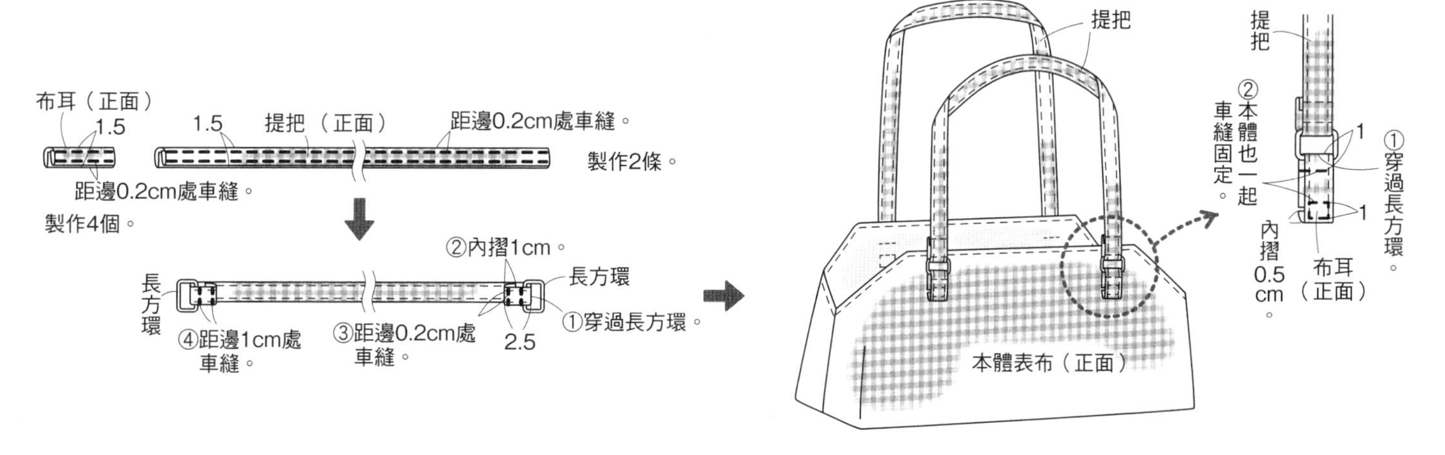

⑦ 裝接口金框。（參見P.31＆P.32）

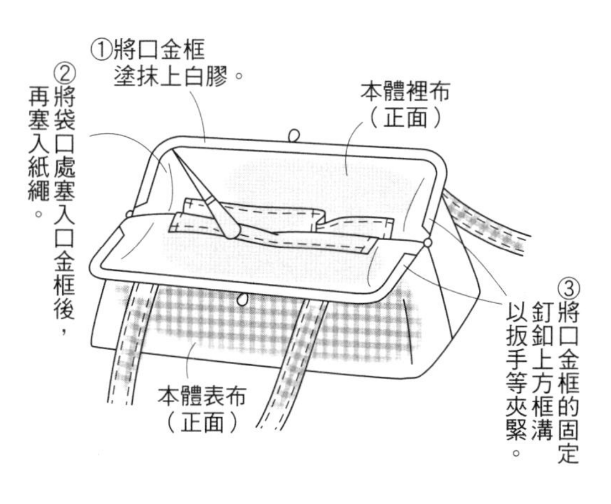

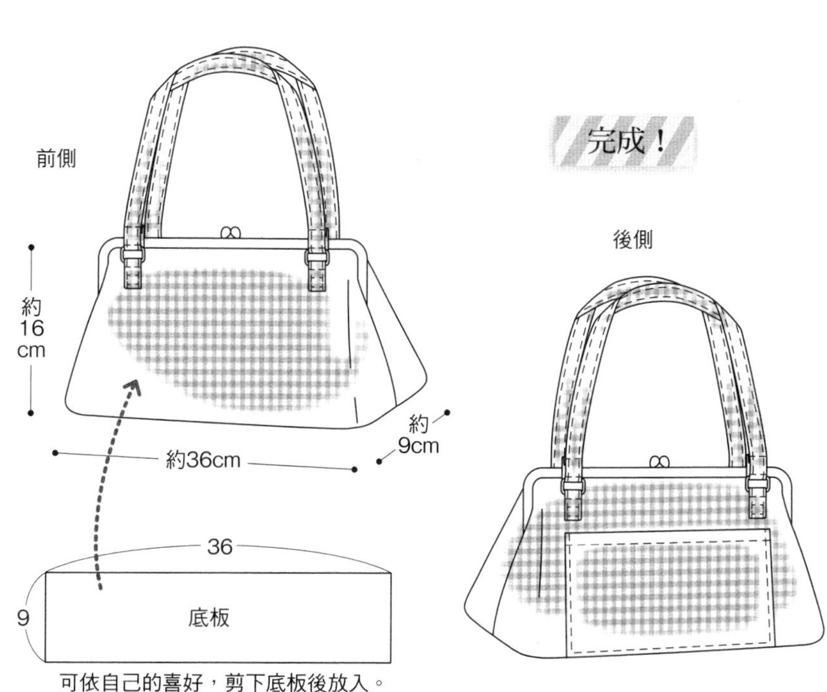

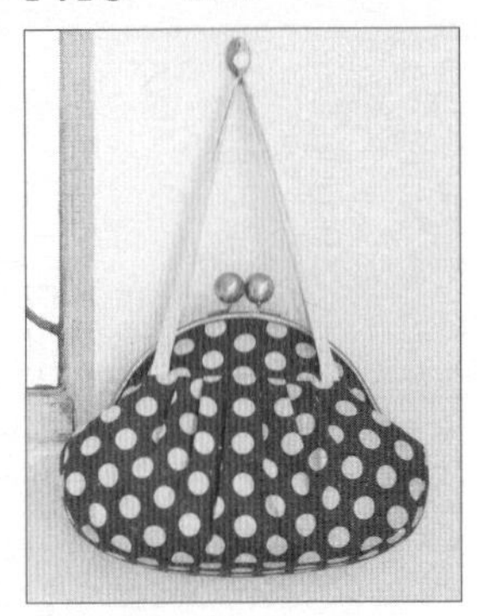

20 材料
表布（棉麻帆布）110cm 寬 65cm
裡布（水洗先染布）110cm 寬 65cm
棉襯（KSP-120M）20cm 寬 65cm
布襯（FV-7）90cm 寬 50cm
棉麻織帶　20mm 寬 2m60cm
蕾絲花邊布料　18cm 寬 1m30cm
口金框（寬約 28cm 高約 12cm・角田 CR-7429 ／ 28cm 大拱形 3cm 大珠口金框 -ATS）1 個
紙繩　90cm

原寸紙型 A 面
紙型 20

●紙型部件
拼接布・本體・側幅・內口袋

開始製作之前
・在側幅表布的背面燙貼棉襯。
・在本體表布・表拼接布・裡拼接布的背面燙貼布襯。

作法

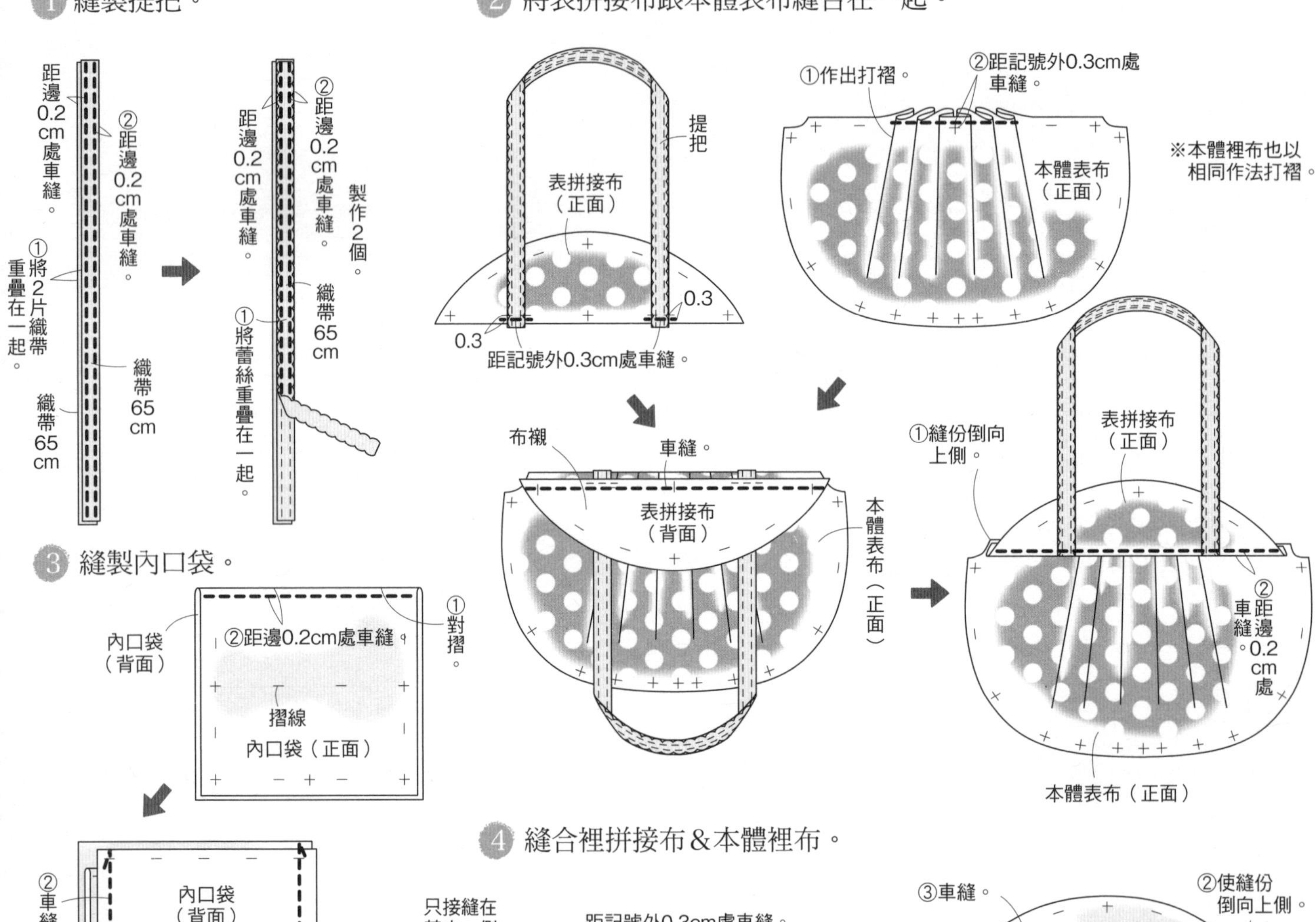

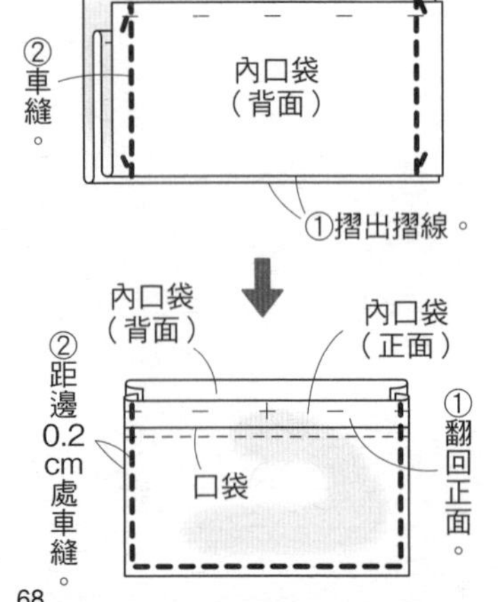

4 縫合裡拼接布&本體裡布。

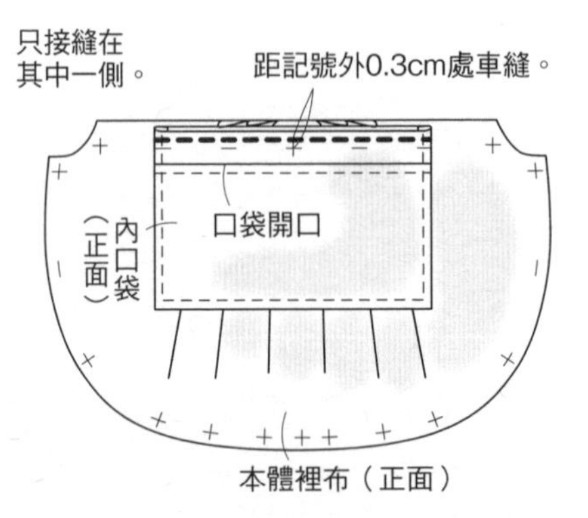

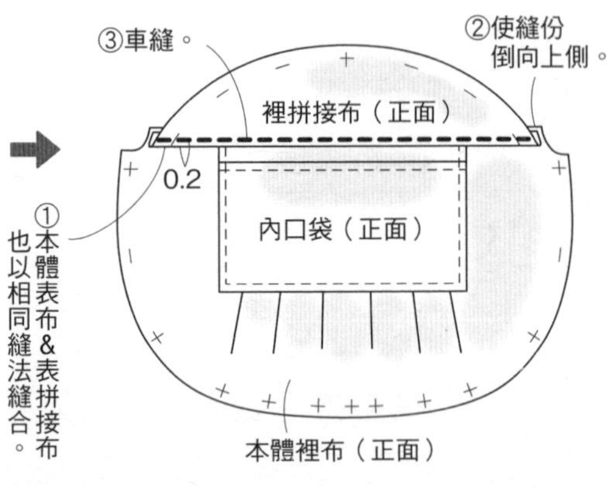

5 縫合本體&側幅，製作袋身。

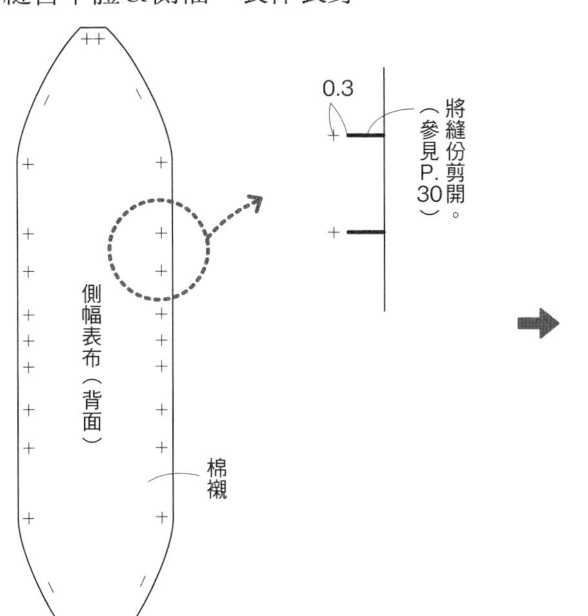

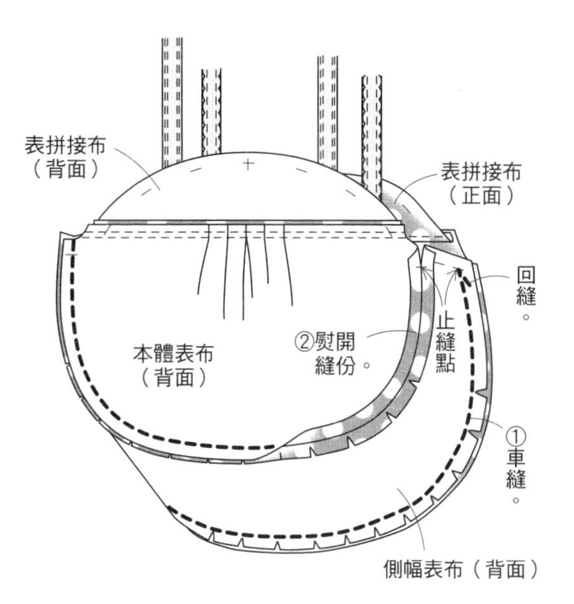

※以相同作法縫合本體裡布&側幅裡布，製作裡袋。

6 縫合袋口。

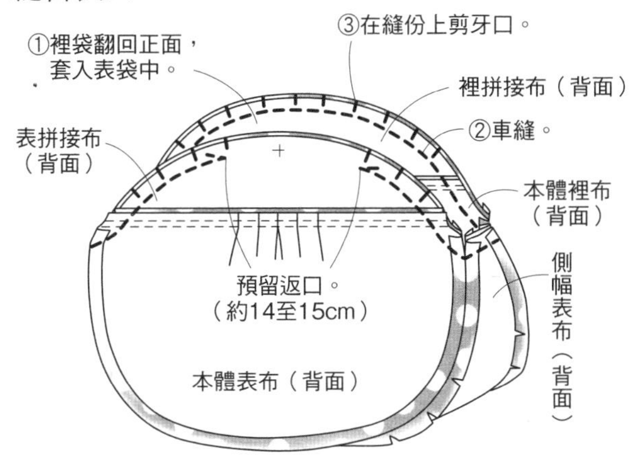

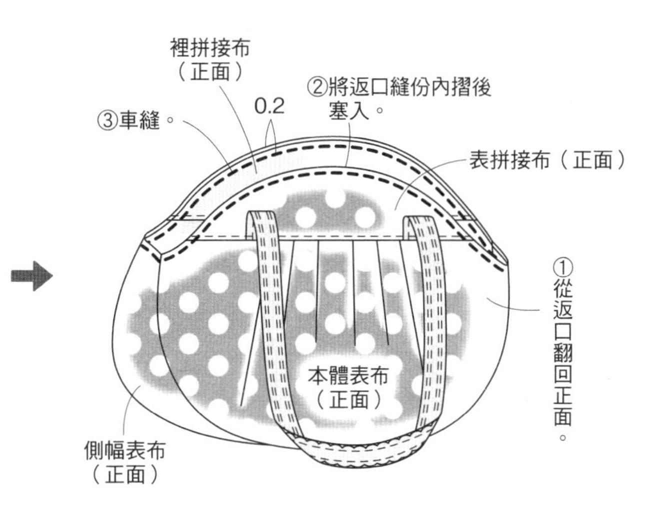

7 裝接口金框。（參見P.31&P.32）

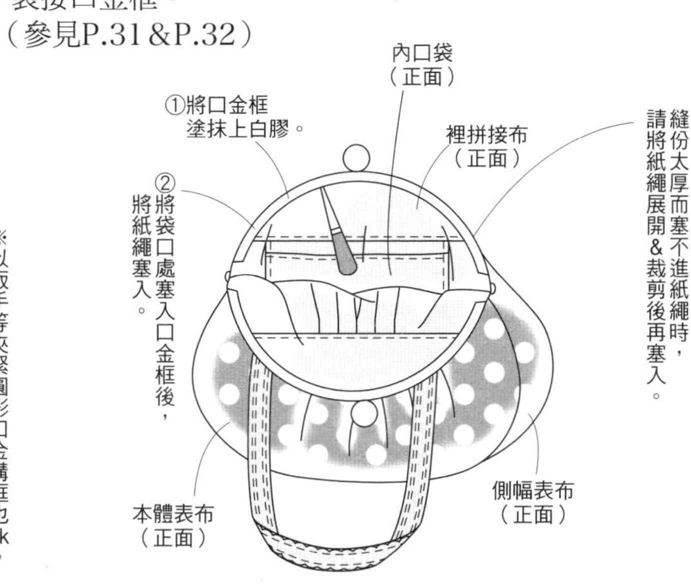

※以扳手等夾緊圓形口金溝框也ok。

完成！

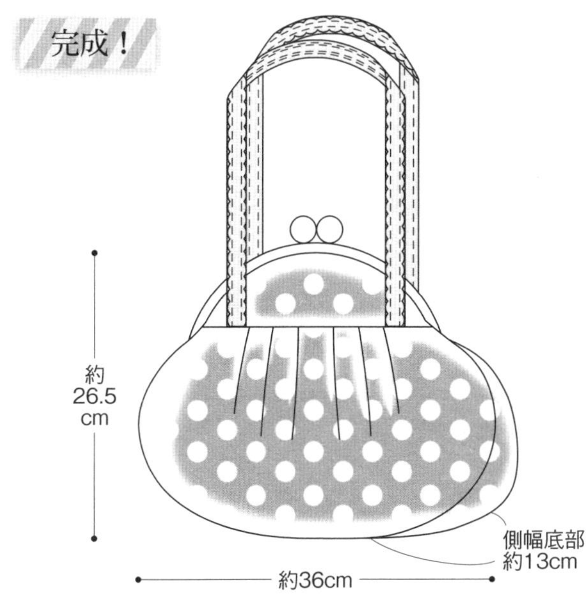

P.20 21

21 材料

表布（11 號帆布）110cm 寬 70cm
裡布（印花棉布）110cm 寬 80cm
棉襯（KSP-120M）60cm 寬 70cm
布襯（FV-7）110cm 寬 70cm
口金框（寬約 39cm 高約 15.5cm・INAZUMA ／ BK-3830-S）1 個
塑膠珠（大小約 25mm・INAZUMA ／ CT-25- #0 象牙白）1 個
塑膠珠（大小約 25mm・INAZUMA ／ CT-25- #116 淡粉紅）1 個
提把（寬 18mm 皮革提把・INAZUMA ／ BM-6519- #4 杏色）2 條

原寸紙型 B 面
紙型 21

●紙型部件
本體・外口袋・內口袋A
內口袋B

P.20 22

22 材料

表布（棉麻帆布）110cm 寬 70cm
裡布（水洗羽質帆布）108cm 寬 80cm
棉襯（KSP-120M）60cm 寬 70cm
布襯（FV-7）110cm 寬 70cm
口金框（寬約39cm 高約15.5cm・INAZUMA／BK-383-AG- #21 象牙白）1個
提把（寬18mm 皮革提把・INAZUMA／BM-6519- #26 黑色）2條

原寸紙型 B 面
紙型 22

●紙型部件
本體・外口袋・內口袋A
內口袋B

作法

開始製作之前（No.21・22皆同）

・在本體表布的背面燙貼棉襯。
・在外口袋表布＆本體裡布的背面燙貼布襯。

1 接縫內口袋A・B。

口袋開口
內口袋A（正面）
本體裡布（正面）
內口袋B（正面）
口袋開口

※內口袋A的作法參見P.37。
內口袋B的作法參見P.29＆P.30。

2 縫製外口袋＆接縫於本體表布上。

外口袋裡布（正面）
車縫。
外口袋表布（背面）
車縫。
布襯

外口袋裡布（背面）
①翻回正面。
②距邊0.2cm處車縫。
外口袋表布（正面）

本體表布（正面）
外口袋表布（正面）
距記號外0.3cm處車縫。
3片一起車縫。

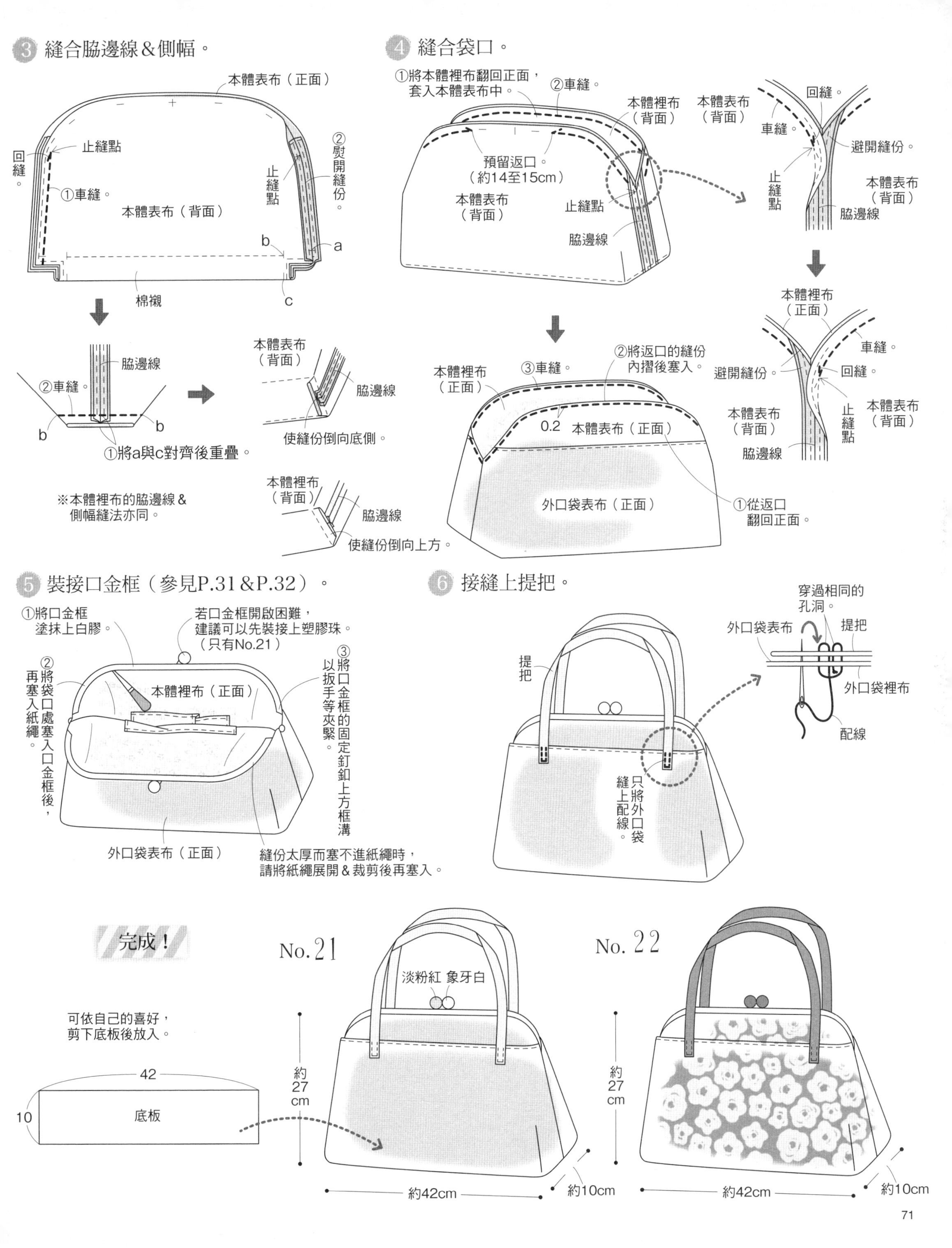

3 縫合脇邊線&側幅。
本體表布（正面）
回縫。
止縫點
①車縫。
本體表布（背面）
止縫點
②熨開縫份。
b
a
棉襯
c
脇邊線
②車縫。
b
b
①將a與c對齊後重疊。
本體表布（背面）
脇邊線
使縫份倒向底側。
※本體裡布的脇邊線&側幅縫法亦同。
本體裡布（背面）
脇邊線
使縫份倒向上方。
4 縫合袋口。
①將本體裡布翻回正面，套入本體表布中。
②車縫。
本體裡布（背面）
本體表布（背面）
預留返口。（約14至15cm）
本體表布（背面）
止縫點
脇邊線
回縫。
車縫。
避開縫份。
止縫點
本體表布（背面）
脇邊線
本體裡布（正面）
③車縫。
②將返口的縫份內摺後塞入。
0.2
本體表布（正面）
外口袋表布（正面）
①從返口翻回正面。
本體裡布（正面）
車縫。
避開縫份。
回縫。
本體表布（背面）
止縫點
本體表布（背面）
脇邊線
5 裝接口金框（參見P.31&P.32）。
①將口金框塗抹上白膠。
若口金框開啟困難，建議可以先裝接上塑膠珠。（只有No.21）
②將袋口處塞入口金框後，再塞入紙繩。
本體裡布（正面）
③將口金框的固定釘釦上方框溝以扳手等夾緊。
外口袋表布（正面）
縫份太厚而塞不進紙繩時，請將紙繩展開&裁剪後再塞入。
6 接縫上提把。
提把
只將外口袋縫上配線。
穿過相同的孔洞。
外口袋表布
提把
外口袋裡布
配線
完成！
可依自己的喜好，剪下底板後放入。
42
10
底板
No.21
淡粉紅 象牙白
約27cm
約42cm
約10cm
No.22
約27cm
約42cm
約10cm

P.24 24

24 材料

表布（牛津布）40cm 寬 35cm
裡布（格子紋棉布）40cm 寬 35cm
棉襯（KSP-120M）20cm 寬 35cm
布襯（FV-7）40cm 寬 35cm
斜紋織帶　20mm 寬 11cm
口金框（寬約12cm 高約5.4cm・角田 ／F23-12cm 口金框 -N）1個
紙繩　50cm
三角環（20mm・S）1個
鐵環（28mm × 40mm）1個

●紙型部件
本體・外口袋・內口袋

開始製作之前（No.24・25皆同）

・在本體表布的背面燙貼棉襯。
・在外口袋＆本體裡布的背面燙貼布襯。

P.24 25

25 材料

表布（帆布）40cm 寬 35cm
裡布（格子紋棉布）40cm 寬 35cm
棉襯（KSP-120M）20cm 寬 35cm
布襯（FV-7）40cm 寬 35cm
斜紋織帶　20mm 寬 11cm
口金框（寬約12cm 高約5.4cm・角田 ／F23-12cm 口金框 -N）1個
紙繩　50cm
三角環（20mm・S）1個
鐵環（28mm × 40mm）1個

●紙型部件
本體・外口袋・內口袋

作法

1 將內口袋接縫本體裡布上（參見P.74）。
2 接縫外口袋＆斜紋織帶。
3 縫合脇邊線＆側幅。

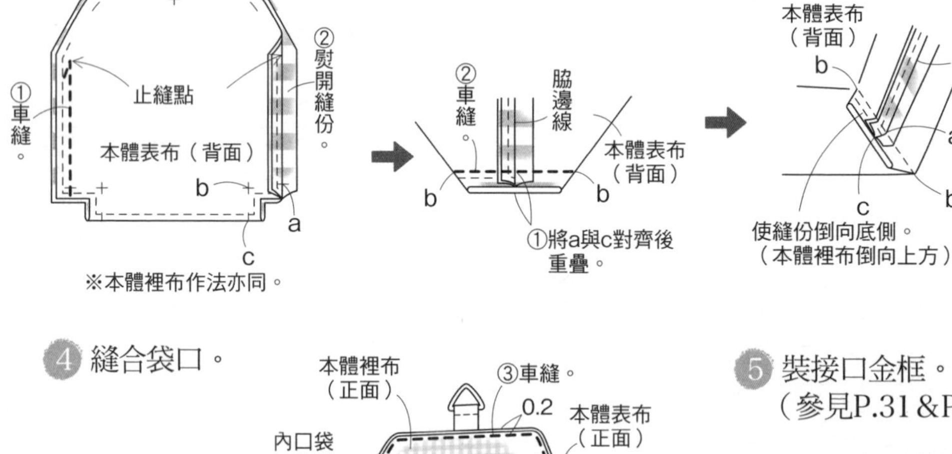

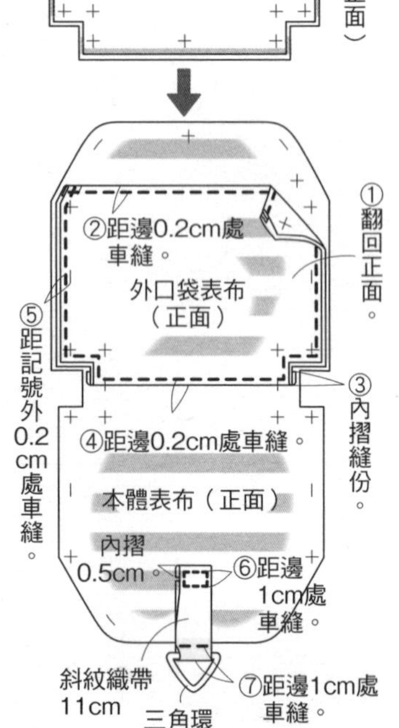

4 縫合袋口。

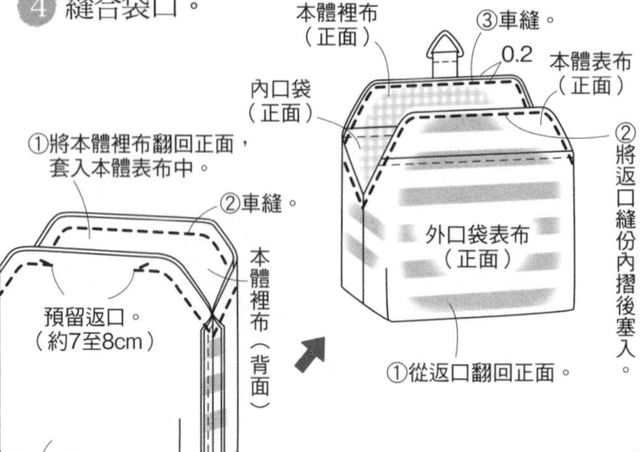

5 裝接口金框。（參見P.31＆P.32）

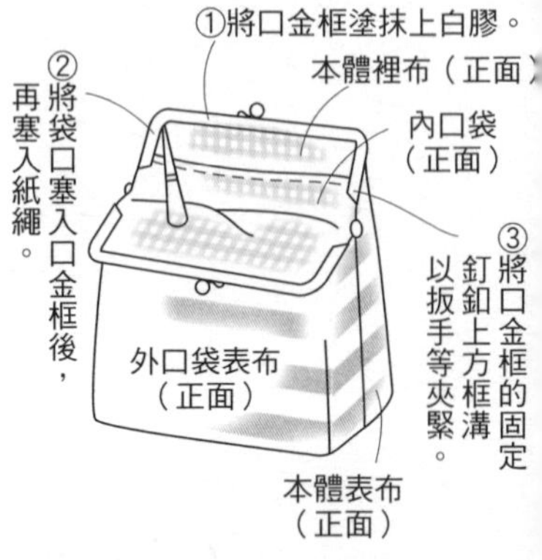

完成！

No.24

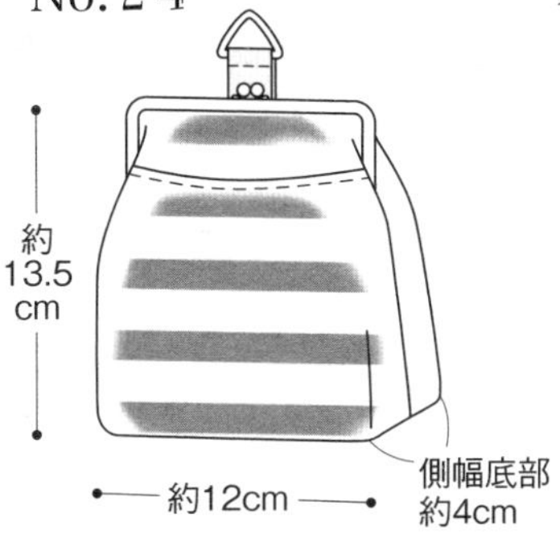

約13.5cm

約12cm

側幅底部約4cm

No.25

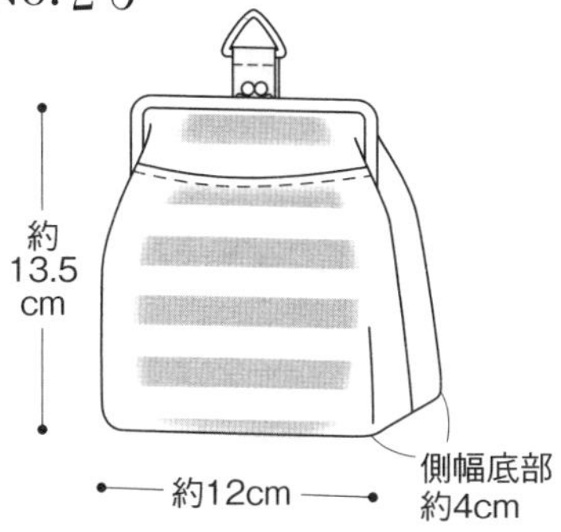

約13.5cm

約12cm

側幅底部約4cm

後側

掛上鐵環。

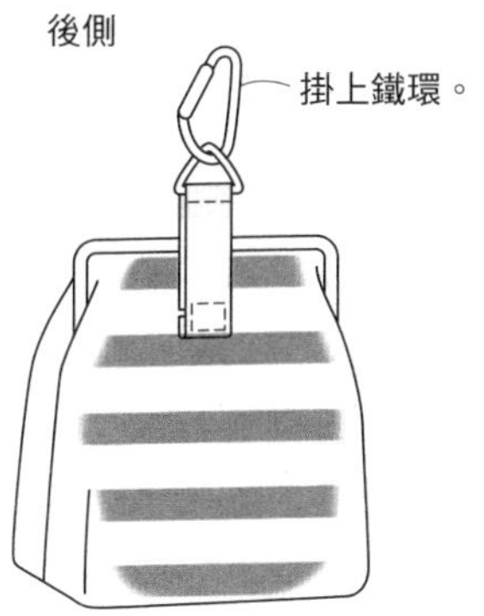

No.24・No.25　原寸紙型

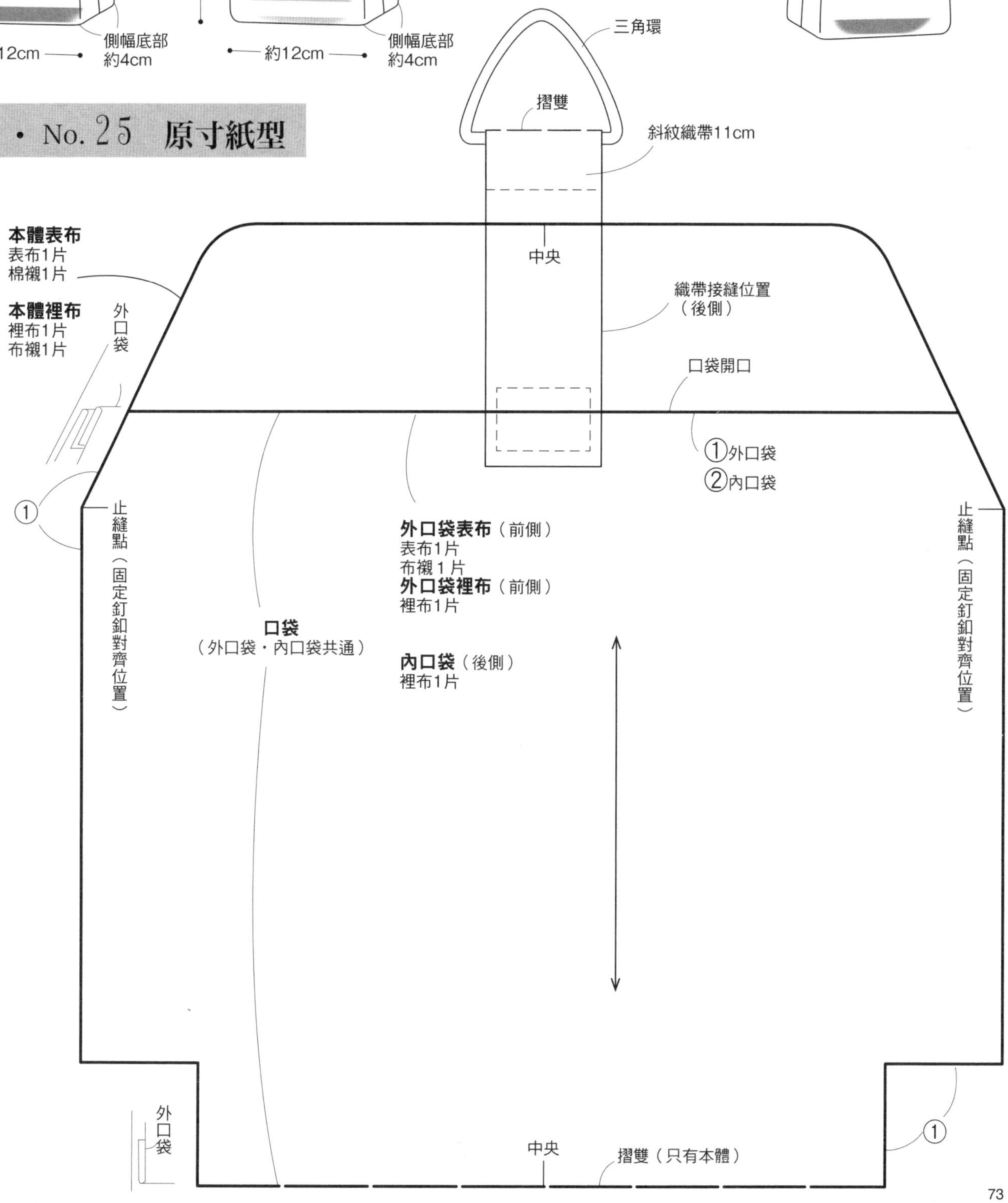

三角環

摺雙

斜紋織帶11cm

中央

本體表布
表布1片
棉襯1片

本體裡布
裡布1片
布襯1片

外口袋

織帶接縫位置（後側）

口袋開口

①外口袋
②內口袋

①

止縫點（固定釘釦對齊位置）

外口袋表布（前側）
表布1片
布襯 1 片
外口袋裡布（前側）
裡布1片

口袋
（外口袋・內口袋共通）

內口袋（後側）
裡布1片

止縫點（固定釘釦對齊位置）

依◯內的數字外加縫份之後，再裁剪布料。

外口袋

中央

摺雙（只有本體）

①

P.25　26

26 材料

表布（印花被單布）60cm 寬 25cm
裡布（被單布）60cm 寬 25cm
布襯（FV-7）60cm 寬 45cm
斜紋織帶　2cm 寬 11cm
口金框（寬約 12.5cm 高約 6.5cm・タカギ纖維 ／ CH-106-B）1 個
紙繩　50cm
三角環（20mm BN）1 個
鐵環（28mm×40mm）1 個

●紙型部件
本體・外口袋・內口袋

P.25　27

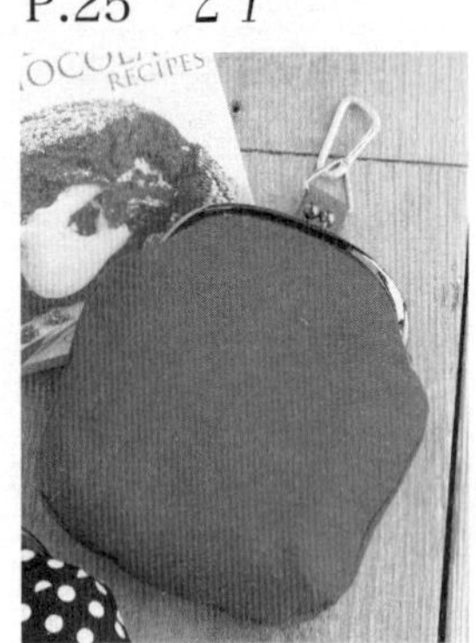

27 材料

表布（11號帆布）60cm 寬 25cm
裡布（先染直條紋布）60cm 寬 25cm
布襯（FV-7）60cm 寬 45cm
斜紋織帶　2cm 寬 11cm
口金框（寬約12.5cm 高約6.5cm タカギ纖維 ／CH-106-B）1個
紙繩　50cm
三角環（20mm　BN）1個
鐵環（28mm×40mm）1個

●紙型部件
本體・外口袋・內口袋

● 開始製作之前（No.26・27皆同）

・在本體表布・外口袋表布・本體裡布的背面燙貼布襯。

1 縫製褶襉。

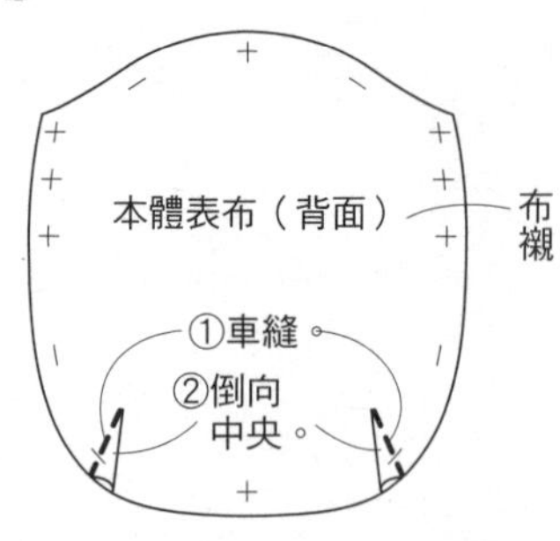

※外口袋表布＆內口袋作法亦同。

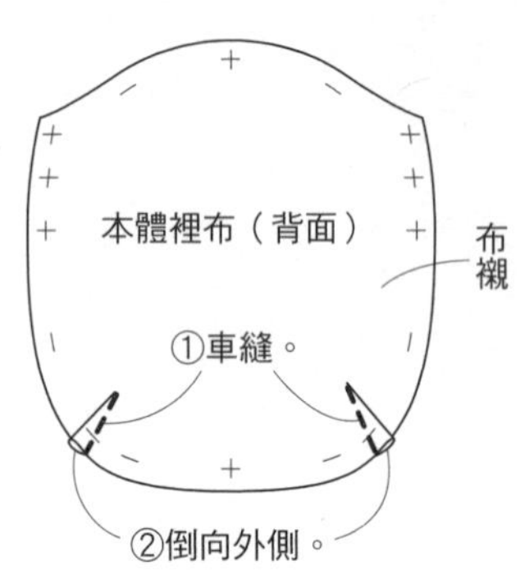

※外口袋裡布作法亦同。

作法

2 縫製內口袋＆接縫於本體裡布上。

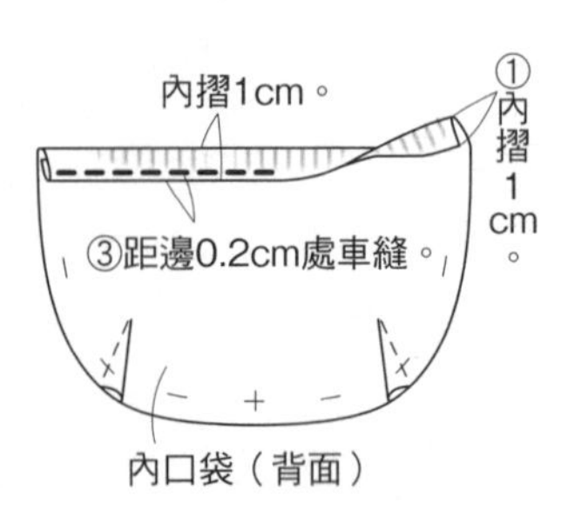

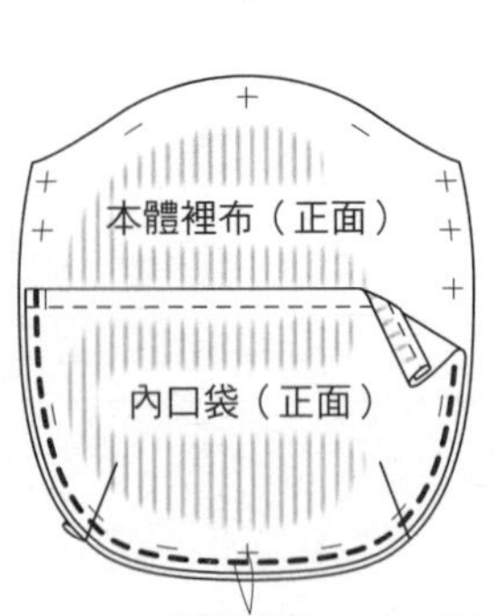

3 縫製外口袋＆接縫於本體表布上。

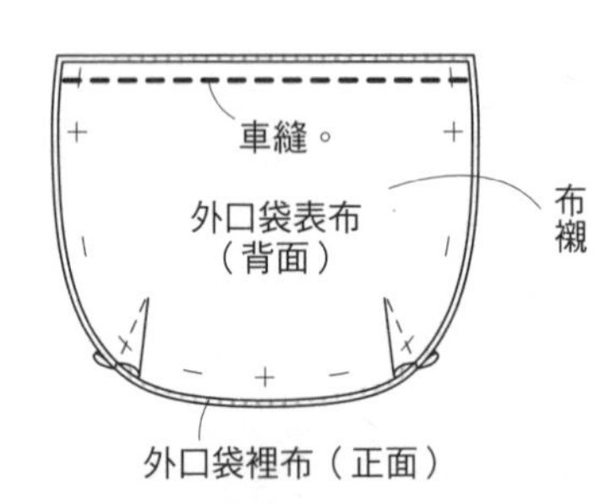

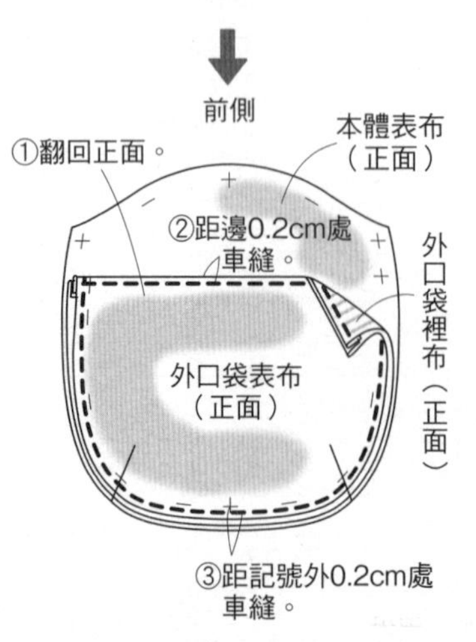

4 接縫上斜紋織帶。

5 縫製本體。

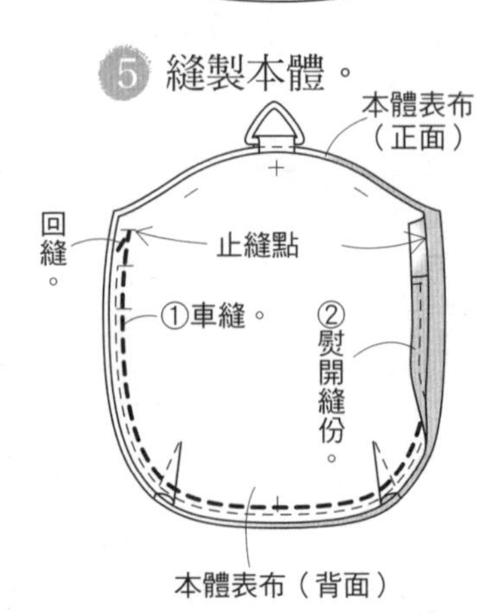

6 縫合袋口。
（參見P.43）

7 裝接口金框。
（參見P.31＆P.32）

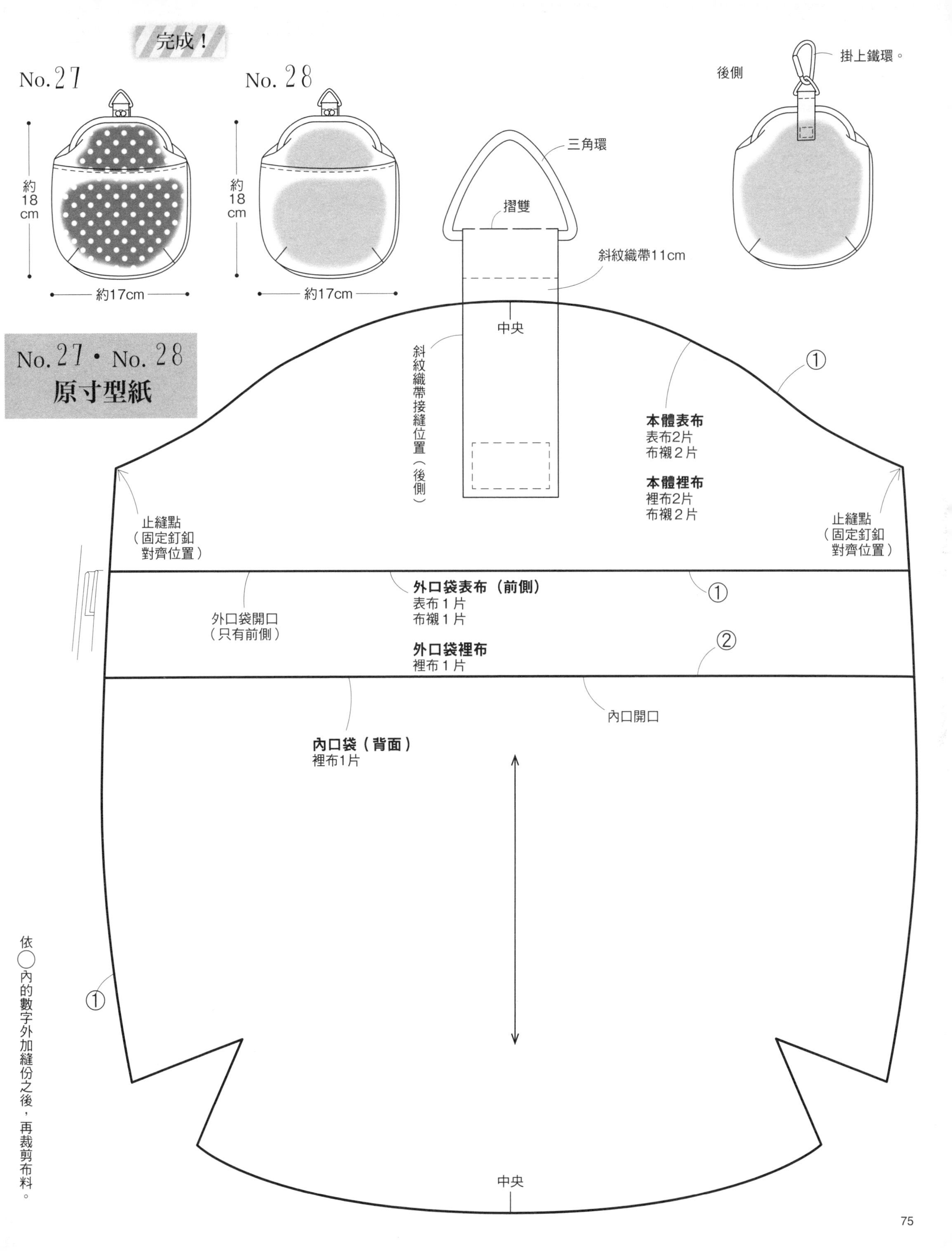
完成！
No.27
No.28
約18cm
約17cm
約18cm
約17cm
後側
掛上鐵環。
三角環
摺雙
斜紋織帶11cm
中央
斜紋織帶接縫位置（後側）
No.27・No.28
原寸型紙
①
本體表布
表布2片
布襯2片
本體裡布
裡布2片
布襯2片
止縫點
（固定釘釦
對齊位置）
止縫點
（固定釘釦
對齊位置）
外口袋表布（前側）
表布1片
布襯1片
①
外口袋開口
（只有前側）
外口袋裡布
裡布1片
②
內口開口
內口袋（背面）
裡布1片
①
依○內的數字外加縫份之後，再裁剪布料。
中央

P.27　30

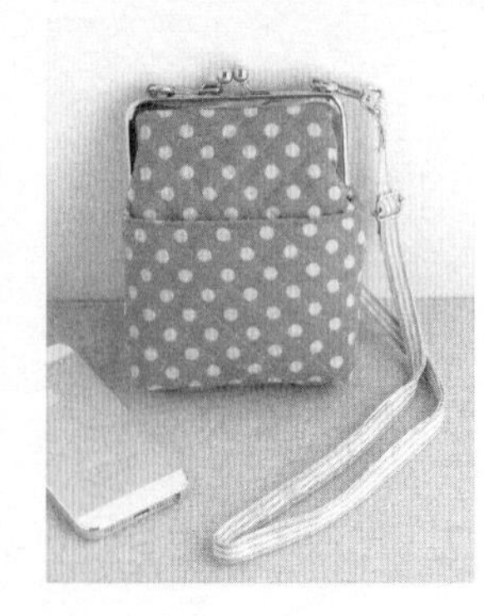

30 材料

表布（印花被單絎縫繡布）35cm 寬 35cm
裡布（素色被單布）35cm 寬 35cm
布襯（FV-7）35cm 寬 35cm
條紋羅紋帶A　9mm 寬 1m40cm
條紋羅紋帶B　9mm 寬 1m40cm
口金框（寬約10.5cm 高約5.4cm・角田 ／F28-10.5cm 附勾環口金框 -N）1個
紙繩　50cm
問號鉤（10mm・S）2個
日型環（10mm・S）1個

● **開始製作之前**

・在本體裡布＆外口袋裡布的背面燙貼布襯。

●**紙型部件**

本體・外口袋

作法

1 縫製外口袋＆接縫於本體表布上。

2 縫合脇邊線＆側幅。

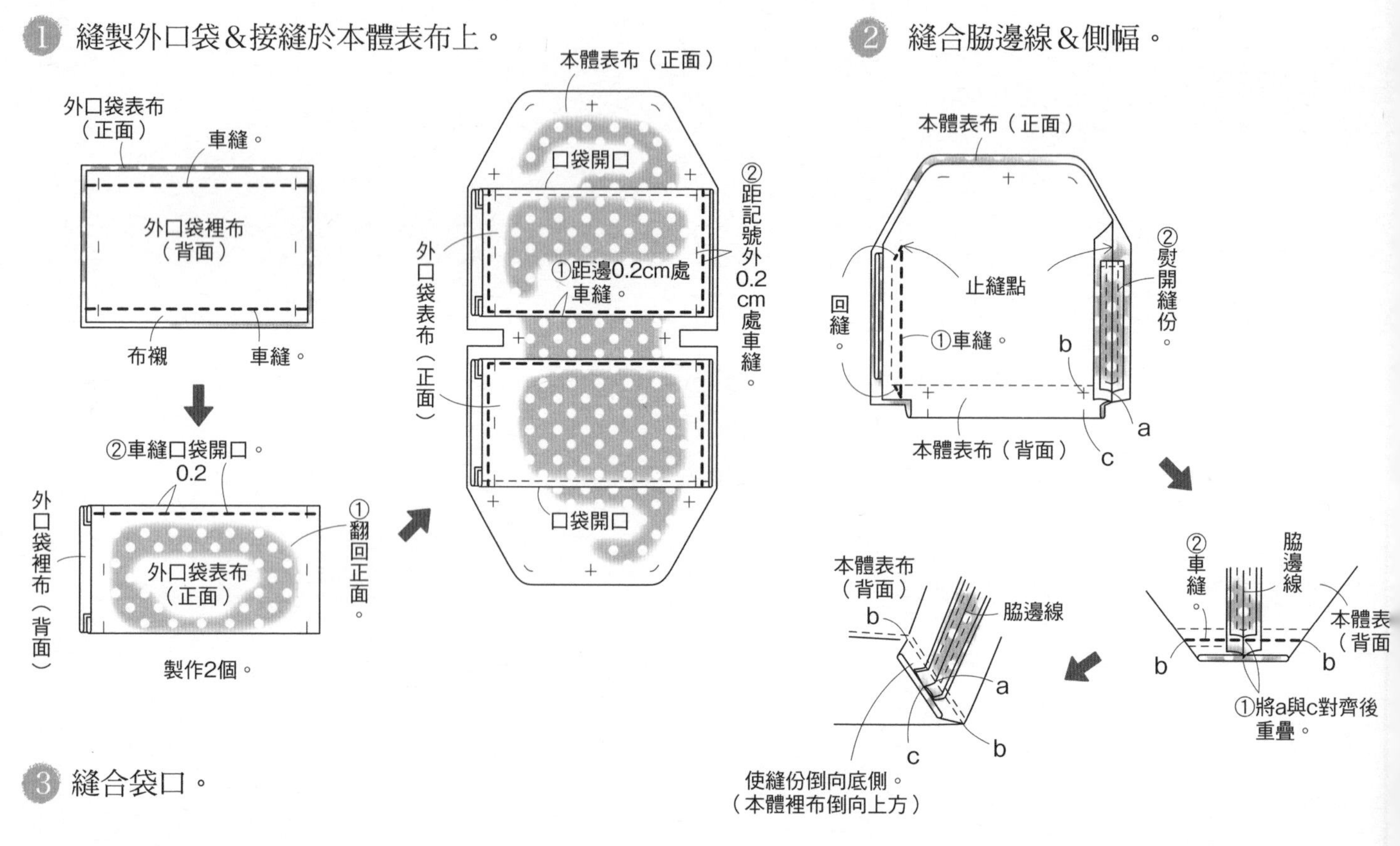

3 縫合袋口。

4 裝接口金框（參見P.31＆P.32）。

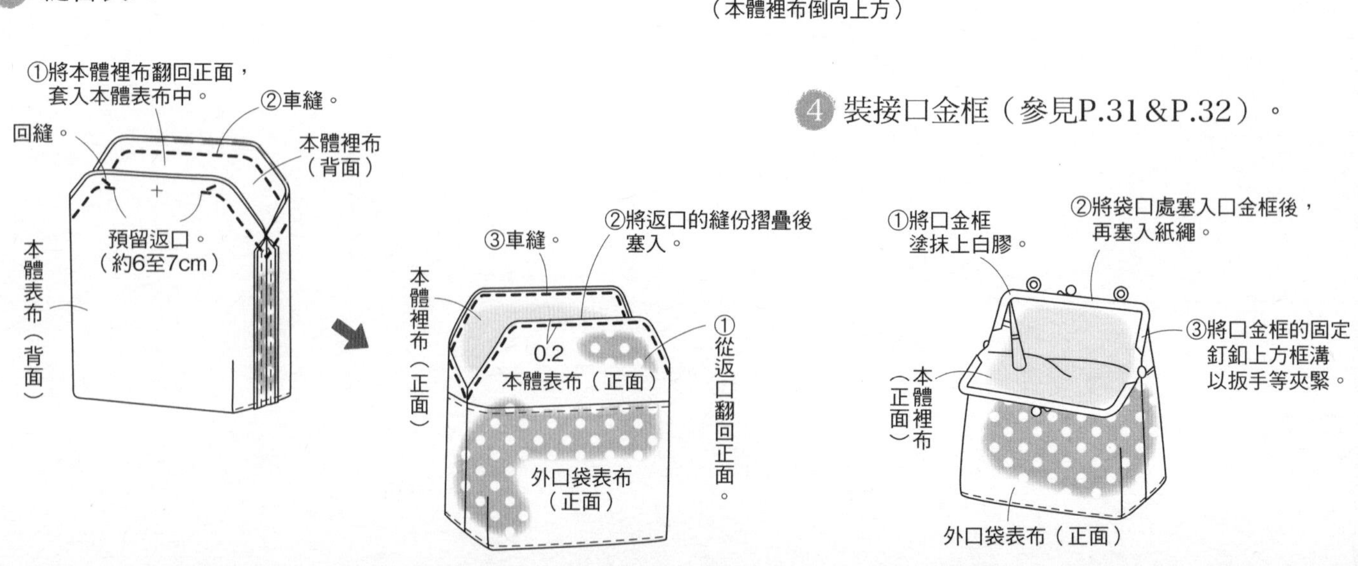

5 縫製肩背帶。

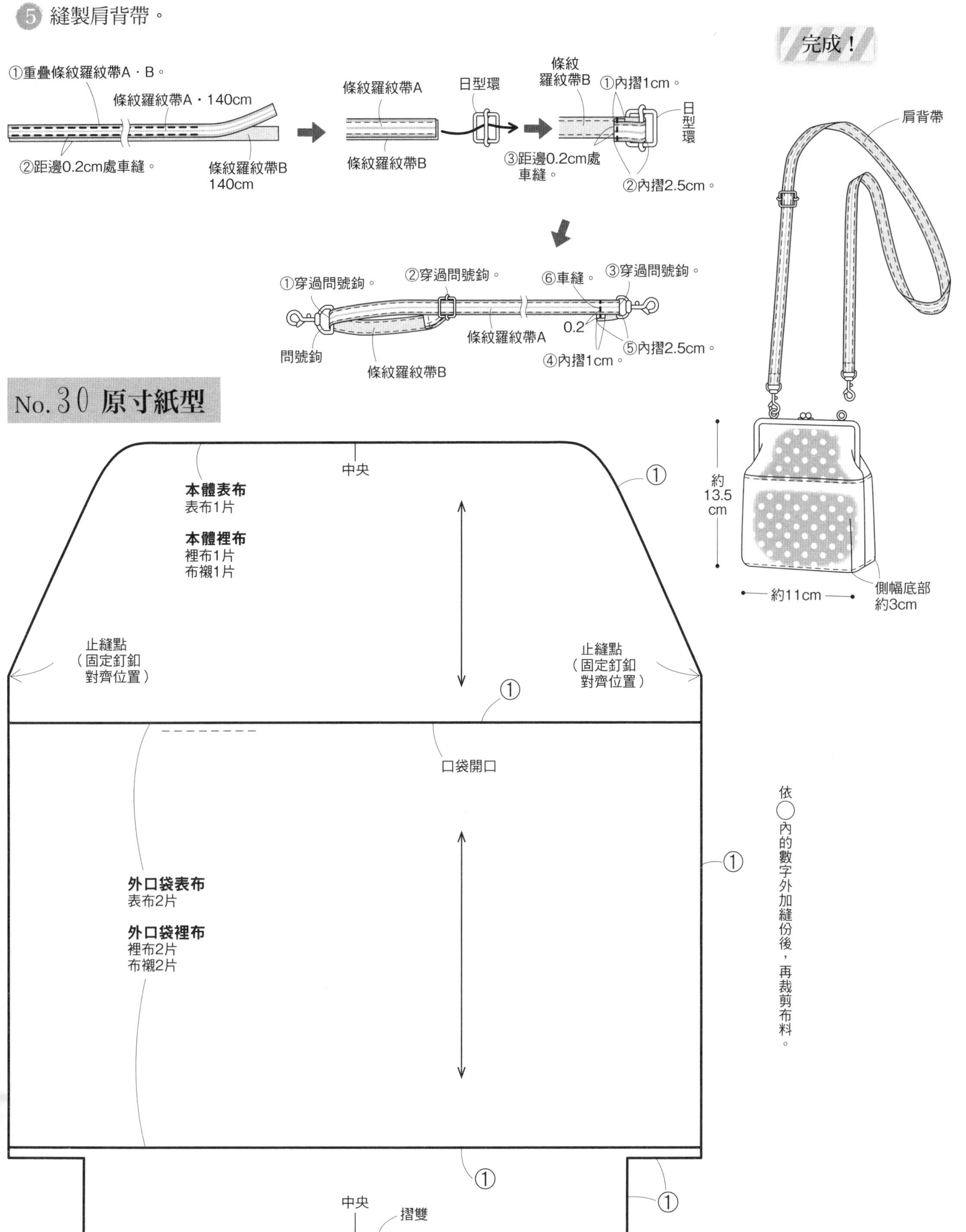

①重疊條紋羅紋帶A・B。
條紋羅紋帶A・140cm
②距邊0.2cm處車縫。
條紋羅紋帶B
140cm
條紋羅紋帶A
條紋羅紋帶B
日型環
條紋
羅紋帶B
①內摺1cm。
日型環
③距邊0.2cm處
車縫。
②內摺2.5cm。
①穿過問號鉤。
②穿過問號鉤。
⑥車縫。
③穿過問號鉤。
問號鉤
條紋羅紋帶B
條紋羅紋帶A
0.2
⑤內摺2.5cm。
④內摺1cm。
完成！
肩背帶
約
13.5
cm
約11cm
側幅底部
約3cm
No.30 原寸紙型
中央
①
本體表布
表布1片
本體裡布
裡布1片
布襯1片
止縫點
（固定釘釦
對齊位置）
止縫點
（固定釘釦
對齊位置）
①
口袋開口
①
外口袋表布
表布2片
外口袋裡布
裡布2片
布襯2片
①
中央
摺雙
①
依○內的數字外加縫份後，再裁剪布料。

P.26 28

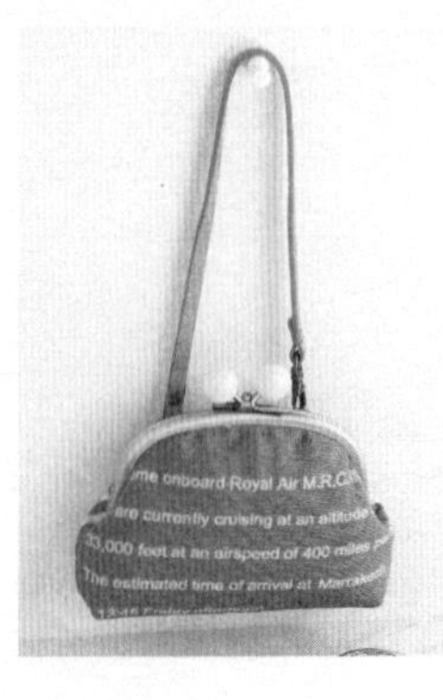

28 材料

表布（10號牛津布）40cm 寬 20cm
裡布（印花被單布）35cm 寬 30cm
棉襯（KSP-120M）55cm 寬 15cm
布襯（FV-7）20cm 寬 30cm
口金框（寬約12cm 高約8.5cm・INAZUMA／BK-12750-AG）1個
塑膠珠（大小約18mm・INAZUMA／CT-18- #0 象牙白）2個
提把（寬 8mm 皮革提把・INAZUMA／BS-3551A- #4 杏色）1條

●紙型部件
本體・內口袋

原寸紙型
P.80

開始製作之前

- 在本體表布＆內口袋的背面燙貼棉襯。
- 在本體裡布的背面燙貼布襯。

作法

1 縫製內口袋＆接縫於本體裡布上。

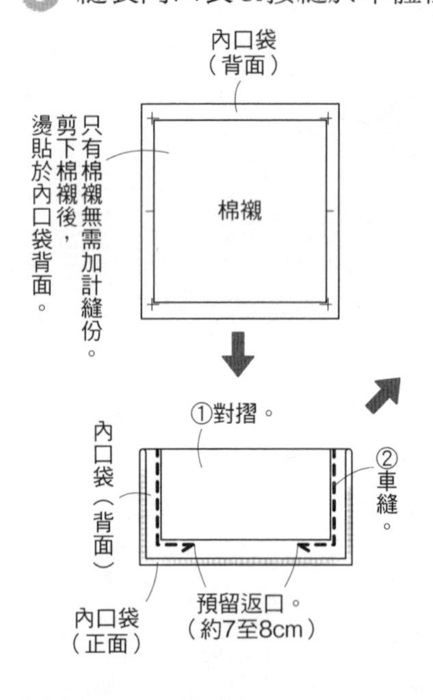

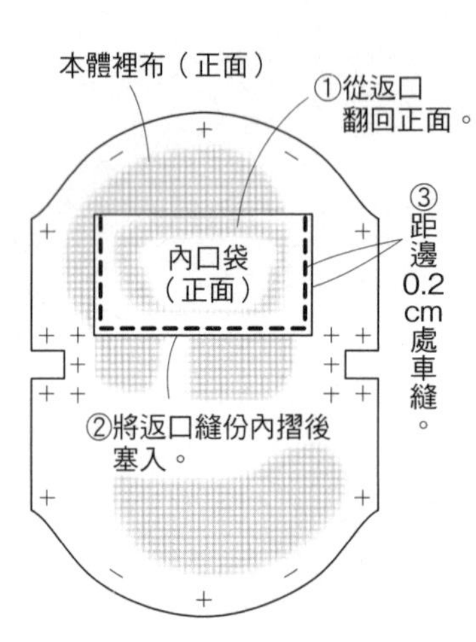

2 縫製布耳後＆接縫於本體。

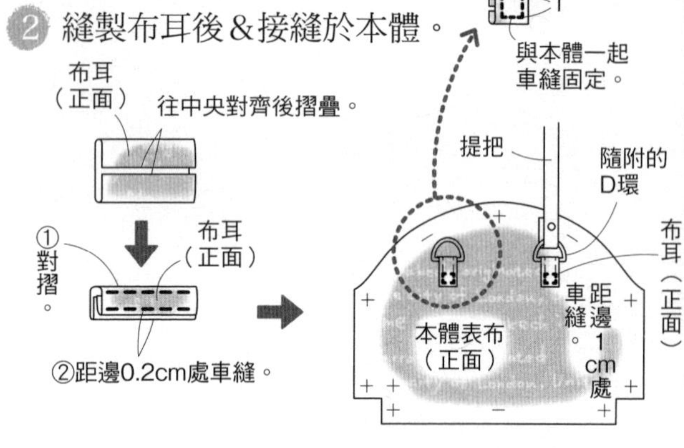

3 縫製本體表布的底部。

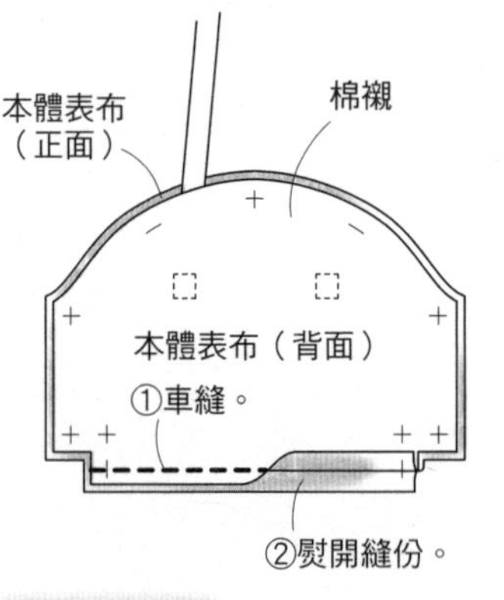

※由於表布皆取用同一布紋方向的布料，縫合底部時會有布紋方向不一的狀況，因此請裁剪下沒有方向問題區塊的布料，作為底布使用。

4 縫合脇邊線＆側幅。（參見P.79）

5 縫合袋口。

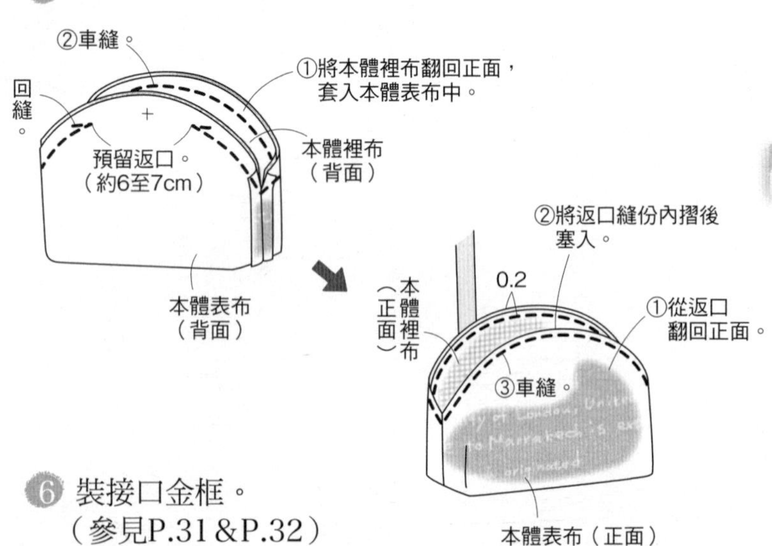

6 裝接口金框。（參見P.31＆P.32）

完成！

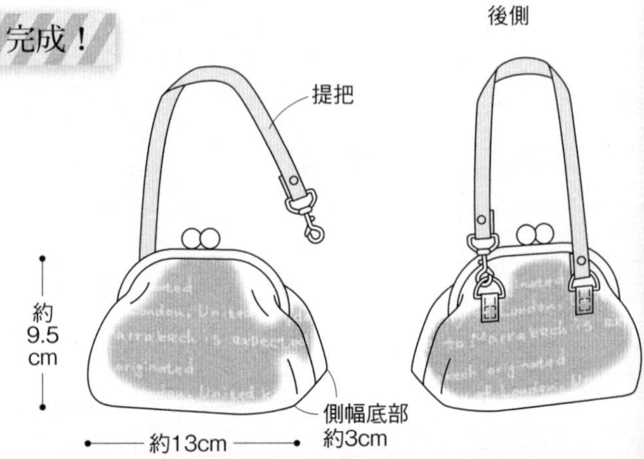

29 材料

表布（紵縫繡布）35cm 寬 30cm
裡布（印花棉布）35cm 寬 30cm
布襯（FV-7）35cm 寬 30cm
口金框（寬約12cm 高約7cm・INAZUMA／BK-1271-AG-）1個
提把（寬 0.6mm 合成皮革提把・INAZUMA／HS-390S- #18 淺藍色）1條
皮花・大（直徑4.2cm・INAZUMA／YS-20#18 淺藍色）1朵
皮花・中（直徑3cm・INAZUMA／YS-16#18 淺藍色）1朵
皮花・中（直徑3cm・INAZUMA／YS-16#4 杏色）1朵
皮花・小（直徑1cm・INAZUMA／YS-15#4 杏色）1朵
手縫繡線（MOCO）原色

原寸紙型
P.80

開始製作之前

・在本體裡布＆內口袋裡布的背面燙貼布襯。

●紙型部件
本體・內口袋

作法

1 縫製內口袋＆接縫於本體裡布上。

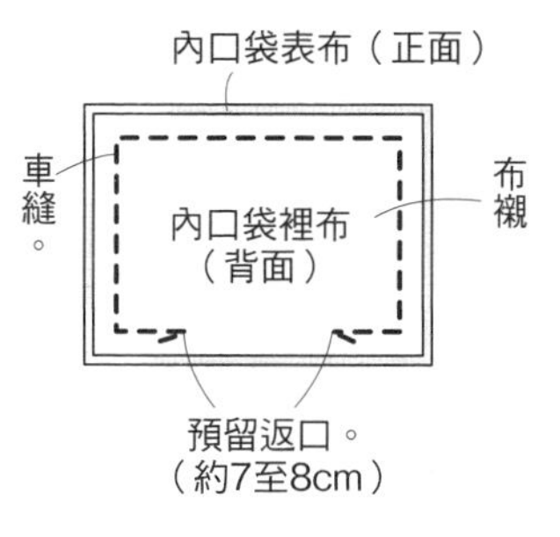

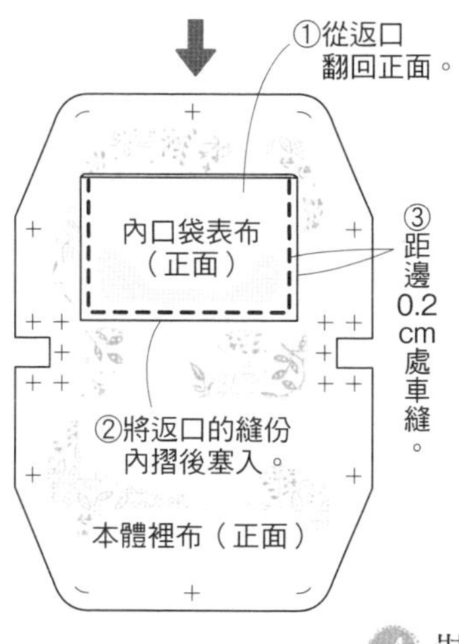

2 縫合脇邊線＆側幅。

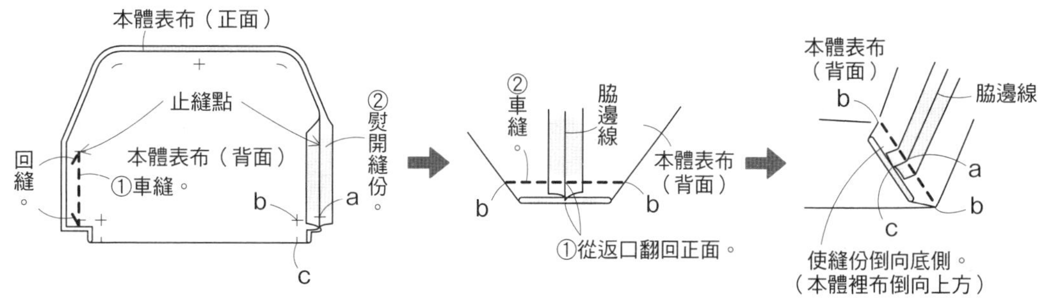

3 縫合口袋口。

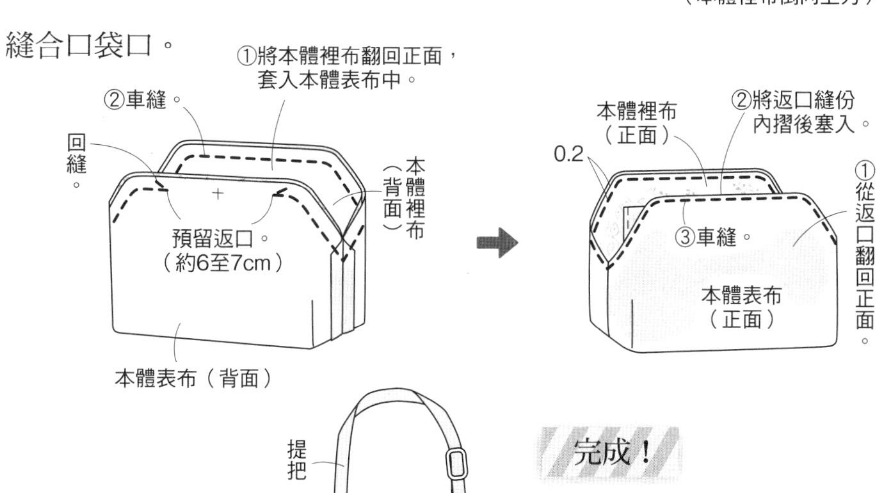

4 裝接口金框。（參見P.31＆P.32）

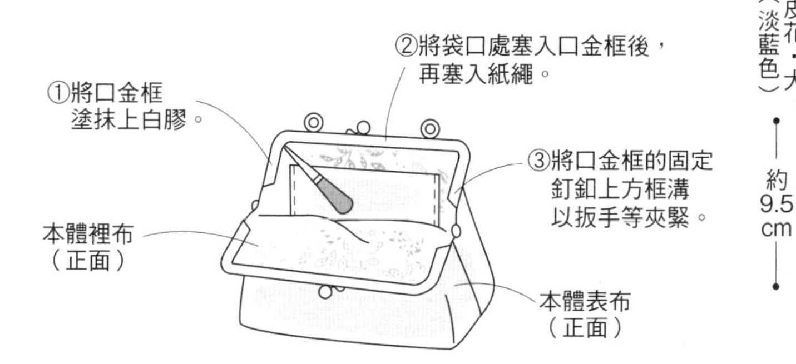

完成！

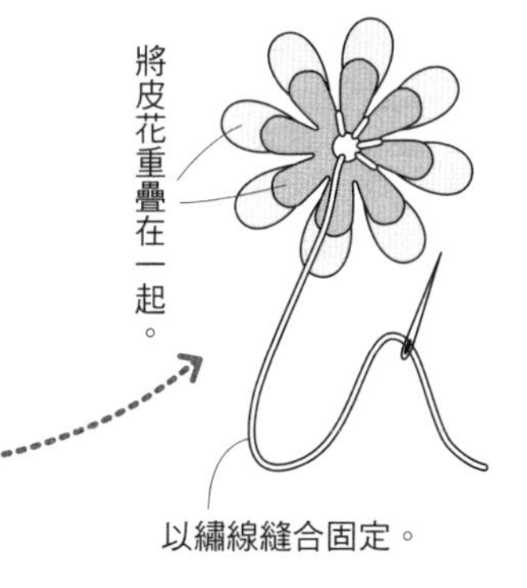

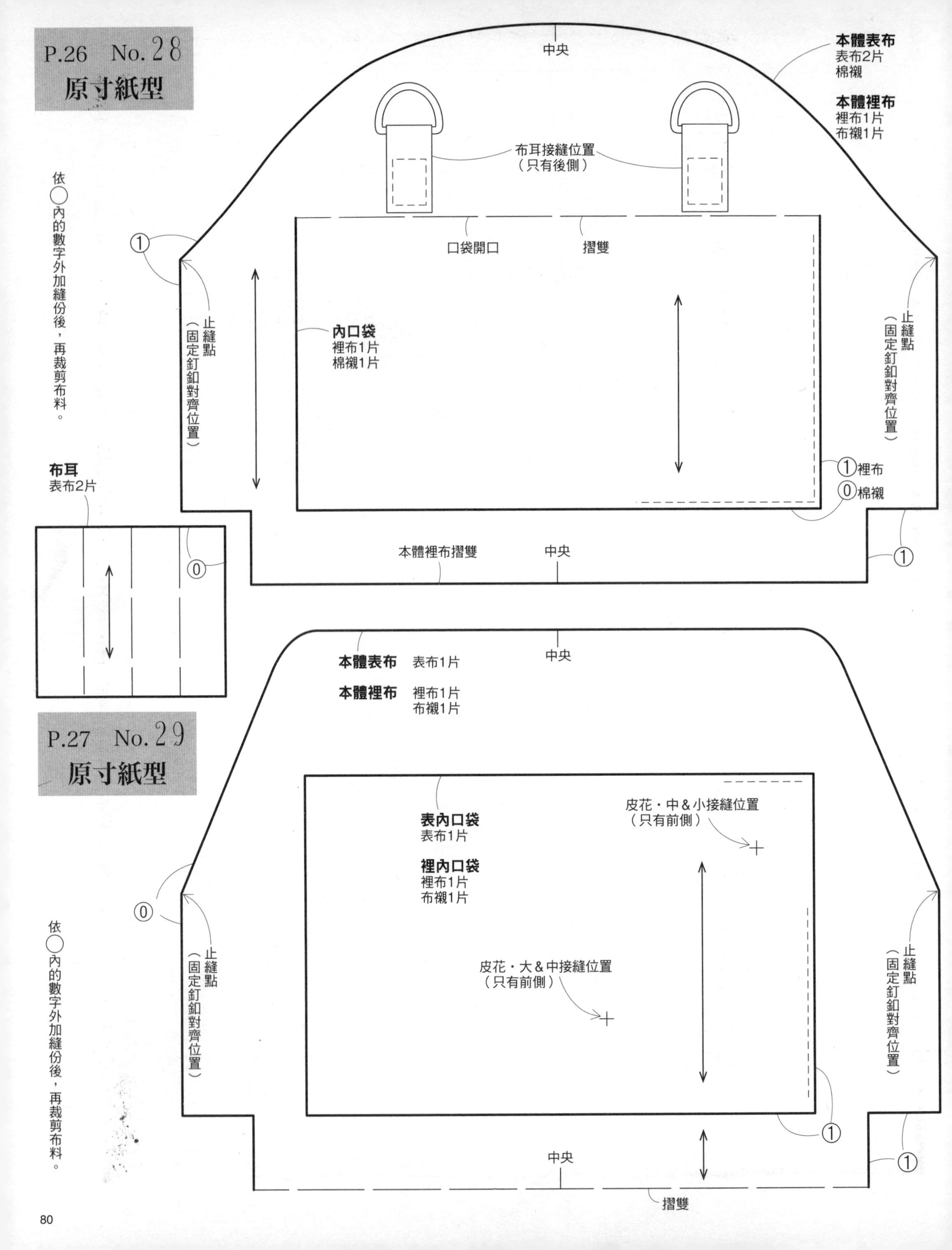
P.26 No.28
原寸紙型
中央
本體表布
表布2片
棉襯
本體裡布
裡布1片
布襯1片
布耳接縫位置
（只有後側）
口袋開口
摺雙
依◯內的數字外加縫份後，再裁剪布料。
①
止縫點
（固定釘釦對齊位置）
內口袋
裡布1片
棉襯1片
①裡布
⓪棉襯
布耳
表布2片
⓪
本體裡布摺雙
中央
①
本體表布 表布1片
本體裡布 裡布1片
布襯1片
P.27 No.29
原寸紙型
表內口袋
表布1片
裡內口袋
裡布1片
布襯1片
皮花・中＆小接縫位置
（只有前側）
皮花・大＆中接縫位置
（只有前側）
⓪
止縫點
（固定釘釦對齊位置）
依◯內的數字外加縫份後，再裁剪布料。
①
①
中央
摺雙

輕・布作 28

實用滿分・不只是裝可愛！
肩背&手提okの大容量口金包手作提案30選（暢銷版）

作　　者／BOUTIQUE-SHA
譯　　者／Alicia Tung
發 行 人／詹慶和
總 編 輯／蔡麗玲
執行編輯／陳姿伶
編　　輯／蔡毓玲・劉蕙寧・黃璟安・李宛真・陳昕儀
執行美編／韓欣恬
美術編輯／陳麗娜・周盈汝
內頁排版／造極
出 版 者／Elegant-Boutique新手作
發 行 者／悅智文化事業有限公司　　郵政劃撥帳號／19452608
戶　　名／悅智文化事業有限公司
地　　址／新北市板橋區板新路206號3樓
網　　址／www.elegantbooks.com.tw
電子郵件／elegant.books@msa.hinet.net　電　話／(02)8952-4078
傳　　真／(02)8952-4084

2019年1月二版一刷　定價320元

Lady Boutique Series No.3683
Tedzukuri shitai Gamaguchi Bag

經銷／易可數位行銷股份有限公司
地址／新北市新店區寶橋路235巷6弄3號5樓
電話／(02)8911-0825　傳真／(02)8911-0801

國家圖書館出版品預行編目(CIP)資料

實用滿分.不只是裝可愛!肩背&手提okの大容量口金包手作提案30選 / Boutique-sha著 ; Alicia Tung譯. -- 二版. -- 新北市 : 新手作出版 : 悅智文化發行, 2019.01
　面；　公分. -- (輕.布作 ; 28)
譯自 : 手作りしたいがま口バッグ
ISBN 978-986-97138-2-5(平裝)

1.手提袋 2.手工藝

426.7　　107022268

日文原書團隊 Staff

編輯／名取美香　石鄉美也子
攝影／久保田あかね（卷頭配圖）　藤田律子（照片解說）
模特兒／人見真梨子
版面設計／紫垣和江
插圖／たけうちみわ（trifle-biz）
紙型描繪／Mondo Yumico

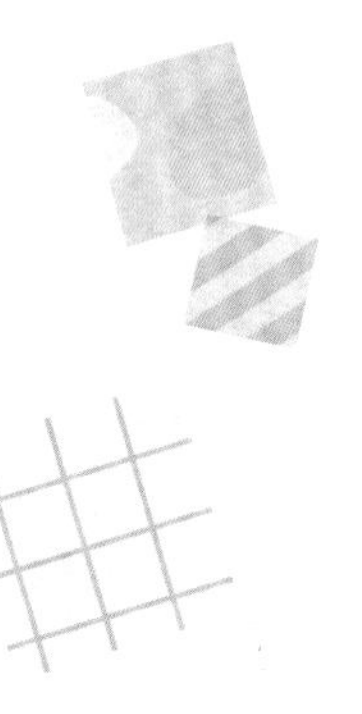

Elegantbooks
以閱讀，
享受幸福生活

雅書堂
EB 新手作

雅書堂文化事業有限公司
22070新北市板橋區板新路206號3樓
facebook 粉絲團:搜尋 雅書堂
部落格 http://elegantbooks2010.pixnet.net/blog
TEL:886-2-8952-4078 · FAX:886-2-8952-4084

輕·布作 06

簡單×好作！
自己作365天都好穿的手作裙
BOUTIQUE-SHA◎著
定價280元

輕·布作 07

自己作防水手作包&布小物
BOUTIQUE-SHA◎著
定價280元

輕·布作 08

不用轉彎！直直車下去就對了！
直線車縫就上手的手作包
BOUTIQUE-SHA◎著
定價280元

輕·布作 09

人氣No.1！
初學者最想作の手作布錢包A+
一次學會短夾、長夾、立體造型、L型、雙拉鍊、肩背式錢包！
日本Vogue社◎著
定價300元

輕·布作 10

家用縫紉機OK！
自己作不退流行的帆布手作包
赤峰清香◎著
定價300元

輕·布作 11

簡單作×開心縫！
手作異想熊裝可愛
異想熊·KIM◎著
定價350元

輕·布作 12

手作市集超夯布作全收錄！
簡單作可愛&實用の超人氣布小物232款
主婦與生活社◎著
定價320元

輕·布作 13

Yuki教你作34款Q到不行の不織布雜貨
不織布就是裝可愛！
YUKI◎著
定價300元

輕·布作 14

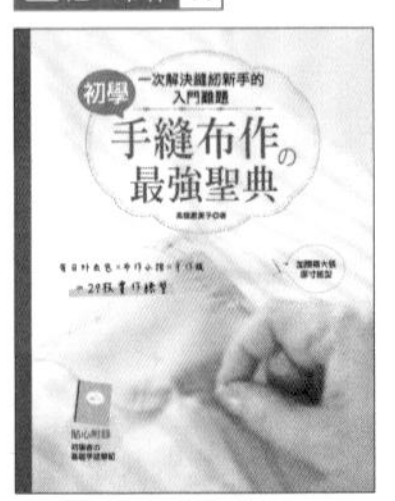

一次解決縫紉新手的入門難題
初學手縫布作の最強聖典
每日外出包×布作小物×手作服＝29枚實作練習
高橋惠美子◎著
定價350元

輕·布作 15

手縫OK の可愛小物
55個零碼布驚喜好點子
BOUTIQUE-SHA◎著
定價280元

輕·布作 16

零碼布×簡單作——繽紛手縫系可愛娃娃
I Love Fabric Dolls
法布多の百變手作遊戲
王美芳·林詩齡·傅琪珊◎著
定價280元

輕·布作 17

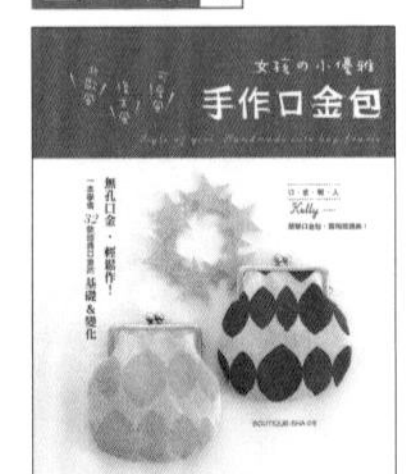

女孩の小優雅·手作口金包
BOUTIQUE-SHA◎著
定價280元

輕·布作 18

點點·條紋·格子(暢銷增訂版)
小白◎著
定價350元

輕·布作 19

可愛ㄋㄟ！
半天完成の棉麻手作包×錢包×布小物
BOUTIQUE-SHA◎著
定價280元

輕·布作 20

自然風穿搭最愛の39個手作包
—點點·條紋·印花·素色·格紋
BOUTIQUE-SHA◎著
定價280元

輕·布作 21

超簡單×超有型—自己作日日都好背の大布包35款
BOUTIQUE-SHA◎著
定價280元

輕·布作 22

零碼布裝可愛！超可愛小布包×雜貨飾品×布小物——最實用手作提案CUTE.90
BOUTIQUE-SHA◎著
定價280元

輕·布作 23

俏皮&可愛·so sweet！愛上零碼布作の41個手縫布娃娃
BOUTIQUE-SHA◎著
定價280元

輕·布作 24

簡單×好作
初學35枚和風布花設計
福清◎著
定價280元

輕·布作 25

從基本款開始學作61款手作包
自己輕鬆作簡單&可愛の收納包
(暢銷版)
BOUTIQUE-SHA◎授權
定價280元

輕·布作 26

製作技巧大破解!
一作就愛上の可愛口金包
日本ヴォーグ社◎授權
定價320元

輕·布作 28

實用滿分·不只是裝可愛!
肩背&手提ok的大容量口金包
手作提案30選
BOUTIQUE-SHA◎授權
定價320元

輕·布作 29

超圖解!
個性&設計感十足の94枚可愛
布作徽章×別針×胸花×小物
BOUTIQUE-SHA◎授權
定價280元

輕·布作 30

簡單·可愛·超開心手作!
袖珍包兒×雜貨の迷你布作小
世界
BOUTIQUE-SHA◎授權
定價280元

輕·布作 31

BAG & POUCH·新手簡單作!
一次學會25件可愛布包&波奇
小物包
日本ヴォーグ社◎授權
定價300元

輕·布作 32

簡單才是經典!
自己作35款開心背著走的手作布包
BOUTIQUE-SHA◎授權
定價280元

輕·布作 33

Free Style!
手作39款可動式收納包
看波奇包秒變小腰包、包中包、小提包、
斜背包……方便又可愛!
BOUTIQUE-SHA◎授權
定價280元

輕·布作 34

實用度最高!
設計威滿點の手作波奇包
日本VOGUE社◎授權
定價350元

輕·布作 35

妙用墊肩作の37個軟Q波奇包
2片墊肩→1個包,最簡便的防撞設
計!化妝包·3C包最佳選擇!
BOUTIQUE-SHA◎授權
定價280元

輕·布作 36

非玩「布」可!挑喜歡的布,作
自己的包
60個簡單&實用的基本款人氣包&布
小物,開始學布作的60個新手練習
本橋よしえ◎著
定價320元

輕·布作 37

NINA娃娃的服裝設計80+
獻給娃媽們~享受換裝、造型、扮演
故事的手作遊戲
HOBBYRA HOBBYRE◎著
定價380元

輕·布作 38

輕便出門剛剛好の人氣斜背包
BOUTIQUE-SHA◎授權
定價280元

輕·布作 39

這個包不一樣!幾何圖形玩創意
超有個性的手作包27選
日本ヴォーグ社◎授權
定價320元

輕·布作 40

和風布花の手作時光
從基礎開始學作和風布花の
32件美麗飾品
かくた まさこ◎著
定價320元

輕·布作 41

玩創意!自己動手作
可愛又實用的
71款生活感布小物
BOUTIQUE-SHA◎授權
定價320元

輕·布作 42

每日的後背包
BOUTIQUE-SHA◎授權
定價320元

輕·布作 43

手縫可愛の繪本風布娃娃
33個給你最溫柔陪伴的布娃兒
BOUTIQUE-SHA◎授權
定價350元

輕·布作 44

手作系女孩の
小清新布花飾品設計
BOUTIQUE-SHA◎授權
定價320元

輕·布作 45

花系女子の和風布花飾品設計
かわらしや◎著
定價320元